宁夏南部黄土滑坡调查与预警预报研究

NINGXIA NANBU HUANGTU HUAPO DIAOCHA
YU YUJING YUBAO YANJIU

黄 玮 弓永峰 刘 君 万 阳 梁 鑫 等著

中国地质大学出版社
ZHONGGUO DIZHI DAXUE CHUBANSHE

图书在版编目(CIP)数据

宁夏南部黄土滑坡调查与预警预报研究/黄玮等著. —武汉:中国地质大学出版社,2024.11. —ISBN 978-7-5625-6024-1

Ⅰ. P642.22

中国国家版本馆 CIP 数据核字第 2024LZ2191 号

审图号:宁 S[2025]第 002 号

宁夏南部黄土滑坡调查与预警预报研究		黄 玮 等著
责任编辑:谢媛华 选题策划:谢媛华		责任校对:何澍语
出版发行:中国地质大学出版社(武汉市洪山区鲁磨路388号)		邮编:430074
电 话:(027)67883511	传 真:(027)67883580	E-mail:cbb@cug.edu.cn
经 销:全国新华书店		http://cugp.cug.edu.cn
开本:787mm×1092mm 1/16	字数:295 千字	印张:11.5
版次:2024 年 11 月第 1 版	印次:2024 年 11 月第 1 次印刷	
印刷:武汉中远印务有限公司		
ISBN 978-7-5625-6024-1		定价:86.00 元

如有印装质量问题请与印刷厂联系调换

《宁夏南部黄土滑坡调查与预警预报研究》
编撰委员会

指导委员会

主　　任：吕世民
副 主 任：李浩源
委　　员：张　媛　　肖兆龙　　王树军　　张　凡
　　　　　许广河　　杨智军　　贺永红　　杨兆科
　　　　　罗小俊　　万学瑞　　苏　蓉　　何　佳

执行委员会

编写人员：黄　玮　　弓永峰　　刘　君　　张　佳
　　　　　胡　杰　　万　阳　　潘袁媛　　刘志强
　　　　　孙芳强　　范朝霞　　李蕴玲　　梁　鑫
　　　　　李　鹏　　杨凡凡　　李　赛　　陈还虚
　　　　　杨　超　　黄树渊　　张雪锋　　杨　鑫
　　　　　赵　军　　马　飞　　杨　康
地图审核：李军虎　　蒋　巍　　张淑霞　　马国童

前言 |PREFACE|

宁夏回族自治区地处西北内陆，是我国地势第二阶梯与第三阶梯的过渡地带，也是黄土高原与河套平原的交接地带。区内自然地理条件复杂，地形地貌类型多样，新构造运动活跃，属地质灾害易发区，滑坡、崩塌、泥石流和地面塌陷等地质灾害点多面广。截至2024年10月，宁夏已查明地质灾害1038处，威胁近2万人、13.41亿元生命财产安全。其中，登记在册的滑坡灾害有437处，绝大部分为黄土滑坡，主要分布于宁夏南部西吉、隆德和彭阳地区，具有突发性强、群发性强、危害大等特点，对当地人民群众的生命财产安全构成了严重威胁。

近年来，全球气候变暖引发了大气环流和水汽含量的显著变化，导致极端降雨事件的频率和强度显著增加。这些极端降雨事件常常超出区域水文系统和基础设施的承载能力，增加了洪水、泥石流等灾害的发生概率。在此背景下，通过灾害气象预警预报将应急处置前移，增强社会对不同风险场景的应对能力，成为防灾减灾领域研究的前沿课题之一。有效的灾害气象预警需要以合理稳健的阈值模型为基础，但是目前政府管理部门主导的监测预警工作经常面临阈值设置过于保守导致应急避灾或临时避让搬迁措施涉及人员过多的问题，给灾害管理工作带来了极大的压力。宁夏地处典型的大陆性干旱半干旱气候区，尽管全年降水量相对有限，但其中约70%的降水以暴雨的形式集中在每年7月至9月。例如，2016年7月，宁夏中部及南部地区发生特大暴雨，单日降雨量超过150mm，创下当地历史同期纪录，导致贺兰县、永宁县等多地出现严重灾害，经济损失达数亿元。2024年7月22日至24日，宁夏中南部出现暴雨到大暴雨天气过程，最大降雨量达215.8mm，泾源国家气象站突破1961年以来最大日降雨量纪录，降雨量级大、极端性强、致灾性高，数万人被紧急转移。宁夏地区降雨事件少但多为极端降雨，导致用于地质灾害监测预警研究的历史灾害样本数量稀少。在此背景下，如何系统性地开展黄土滑坡成因机理分析，建立精细化的气象预警阈值判据，特别是突发性极端强降雨场景下的灾害预警模型和风险防控体系建设，是目前科学研究和政府管理部门迫切需要解决的难题。

为有效开展宁夏地区地质灾害防治工作，解决当地地质灾害监测预警存在专业监测分析标本少、预警模型迭代慢的短板，提升地质灾害预警预报的科学性和命中率，2023年在宁夏回族自治区自然资源厅的总体部署下，由宁夏回族自治区国土资源调查监测院牵头，联合西安中地环境科技有限公司、长安大学和中国地质大学（武汉）共同开展宁夏南部地区地质灾害综合风险普查与灾害监测预警示范科学研究。此次研究通过勘查典型黄土滑坡体，查明了岩土体结构特征以及地质灾害的形成机制及引发因素、变形破坏现状和危害程度，评价了地质灾害的稳定性、危险性以及演化发展趋势,并提出了防治措施。在勘查的基础上,通过现场入渗试验、数值模拟、物理模拟等手段研究降雨入渗诱发地质灾害规律,探索降雨诱发滑坡灾害的启动阈值,构建多参数高精度地质灾害预警预报模型,以提升各级政府地质灾害风险管理能力,为地质灾害专业监测以及气象风险预警提供科学决策依据。

本书的主要研究内容如下:

(1)宁夏南部地区广泛分布大量黄土层内和黄土-基岩滑坡,在我国黄土地区具有典型性。已有研究工作基本查明了地质灾害的种类、空间分布、变形特征和灾害状况,但对各种地质灾害的形成机理缺乏系统深入的研究,且资料分散、地域性强、信息化程度不高,造成已有研究成果利用率较低。本研究借助现场调查、山地工程和钻探,对宁夏南部地区地质灾害发育规律进行了系统全面的分析,总结了该地区主要的地质灾害类型和模式,查明了典型斜坡灾害的工程地质条件,进行了三维地质建模,有效提升了滑坡灾害调查的信息化程度。

(2)详细分析了宁夏南部地区岩土体工程地质特性和黄土斜坡的一般孕灾规律;查明了研究区坡体覆盖物的厚度、物质组成及形态、岩土体类型、主要发育结构面及地质灾害发育情况;获取了宁夏南部地区黄土和泥岩的关键物理力学参数分布信息,包括天然密度、干密度、孔隙比、塑限、液限、粒径组成、压缩系数、湿陷系数、渗透系数、黏聚力和内摩擦角;开展了地质灾害的形成机制、诱发因素、变形破坏现状、稳定性、危害程度以及演化发展趋势研究,并提出了相应的防治措施。

(3)开展了滑坡灾害室内物理模型和现场原位降雨入渗试验;布设了天-地-内协同一体化观测网络,对不同降雨条件、前缘切坡和坡面裂缝条件下降雨径流-入渗-排泄特征和滑坡变形演化全过程开展了精准观测。

(4)开展了强降雨条件下斜坡变形破坏的流固耦合分析,揭示了现场降雨入渗试验和物理模型试验斜坡在降雨条件下的应力-应变规律,并通过概化模型系统研究了坡高和坡度变化对研究区黄土斜坡稳定性的影响规律。

(5)针对宁夏地区地质灾害监测预警存在专业监测分析标本少、预警模型迭代慢的短板,提出了勘查-试验-数值的研究模式,尝试破解这一难题。作为滑坡监测预警的基础性研究,所完成的现场降雨入渗试验是在西北黄土地区首次开展的主动性试验,为类似地区黄土滑坡预警预报提供了新的研究思路。通过现场试验-数值模拟-经验阈值互馈分析,提出了基于数值模拟的宁夏地区地质灾害精细化降雨阈值模型构建思路,建立了考虑斜坡坡度的地质灾害气象预警阈值精细化判据,并通过典型斜坡验证模型的准确性,有效补充了宁夏地区由于地质灾害样本数据少造成的阈值判据合理性不足的问题。

本书共分9章。第1章"绪论"主要分析了宁夏南部地区地质灾害防治工作面临的形势和问题,阐述了开展宁夏南部地区黄土滑坡勘察与预警预报研究的意义与作用以及降雨诱发黄土滑坡灾害失稳破坏研究的现状和不足;第2章"工作区地质背景"主要从气象水文、地形地貌、地层岩性、地质构造、新构造运动与地震、水文地质和人类工程活动等方面阐述了宁夏回族自治区及其南部西吉县、彭阳县和隆德县区域地质环境概况;第3章"典型黄土滑坡工程地质特征及稳定性评价"在收集分析已有资料的基础上,结合宁夏南部地区地质灾害的分布规律和特征,选取典型的风险性较高的地质灾害点作为研究对象,考虑不同坡体结构地质灾害的特殊性,借助钻探和井探查明了坡体的地层结构,并通过三维建模的方式展示了典型灾害点及其周边未失稳斜坡的坡体结构;第 4 章"黄土滑坡物理力学指标特性分析"着重对典型黄土滑坡灾害的物理力学指标特性开展了规律分析和总结;第 5 章"典型黄土斜坡现场降雨入渗试验研究"借助现场降雨入渗试验,选取不同结构的试验场地,设置不同降雨和人类工程活动模拟工况,系统查明了降雨时地表水入渗过程、岩土体劣化规律和斜坡变形破坏过程与模式;第 6 章"降雨诱发黄土滑坡形成机理物理模型试验"在前期勘查和降雨入渗试验的基础上,选取典型的地质灾害点开展降雨诱发地质灾害物理模型试验,通过物理模型试验更加直观地反演了地质灾害形成全过程,通过对灾害点变形、土压力、孔隙水压力等进行观察和监测,全面获取了地质灾害发生过程中的应力-应变变化规律;第 7 章"基于数值模拟的黄土斜坡降雨入渗与稳定性分析研究"基于现场降雨入渗试验和物理模型试验结果,通过改变降雨工况模拟不同降雨强度和时长下斜坡的入渗规律与应力应变规律,揭示了降雨条件下地质灾害变形破坏机理,并计算了其稳定性和失稳模式及范围;第 8 章"宁夏南部地区地质灾害气象预警阈值判据构建"提出了基于数值模拟的宁夏地区地质灾害精细化降雨阈值模型构建思路,借助通过现场降雨入渗和物理模型试验校准的数值模拟模型,建立了考虑斜坡坡度的地质灾害气象预警阈值精细化判据,并通过典型斜坡验证了该模型的准确性;第 9 章"结论与展望"对全书内容进行总结,并对后续研究进行展望。

本书第 1 章主要由黄玮、刘君、梁鑫编写;第 2 章主要由刘君、万阳编写;第 3 章主要由黄玮、梁鑫编写;第 4 章主要由梁鑫、李鹏、陈还虚、吴晨阳编写;第 5 章主要由梁鑫、万阳、刘君编写;第 6 章主要由万阳、黄玮、李鹏编写;第 7 章主要由黄玮、刘君、李鹏编写;第 8 章主要由梁鑫、万阳、黄玮编写;第 9 章主要由黄玮、刘君、万阳编写。书中地图由李军虎、蒋巍、张淑霞和马国童完成。

本书及依托项目在选题立项和实施过程中,始终得到了宁夏回族自治区自然资源厅、宁夏回族自治区国土资源调查监测院、中国地质调查局西安地质调查中心、西安中地环境科技有限公司、长安大学、中国地质大学(武汉)、宁夏回族自治区矿山地质环境监测与生态修复创新团队等单位和团队领导与专家的大力支持、指导和帮助,也得到了西吉县、彭阳县和隆德县自然资源局的大力协助,在此表示衷心的感谢!

囿于著者的实际经验和理论水平,书中难免存在不足之处,敬请读者批评指正。

著 者

2024 年 6 月

目 录
CONTENTS

第 1 章　绪　论 ⋯⋯⋯⋯⋯⋯⋯⋯⋯⋯⋯⋯⋯⋯⋯⋯⋯⋯⋯⋯⋯⋯⋯⋯⋯⋯⋯ (1)
　1.1　宁夏南部地区地质灾害防治背景 ⋯⋯⋯⋯⋯⋯⋯⋯⋯⋯⋯⋯⋯⋯⋯ (1)
　1.2　降雨诱发滑坡灾害及其预警预报研究现状 ⋯⋯⋯⋯⋯⋯⋯⋯⋯⋯ (5)
　1.3　本书主要研究内容和意义 ⋯⋯⋯⋯⋯⋯⋯⋯⋯⋯⋯⋯⋯⋯⋯⋯⋯ (10)
第 2 章　工作区地质背景 ⋯⋯⋯⋯⋯⋯⋯⋯⋯⋯⋯⋯⋯⋯⋯⋯⋯⋯⋯⋯ (12)
　2.1　气象水文 ⋯⋯⋯⋯⋯⋯⋯⋯⋯⋯⋯⋯⋯⋯⋯⋯⋯⋯⋯⋯⋯⋯⋯⋯⋯ (12)
　2.2　地形地貌 ⋯⋯⋯⋯⋯⋯⋯⋯⋯⋯⋯⋯⋯⋯⋯⋯⋯⋯⋯⋯⋯⋯⋯⋯⋯ (17)
　2.3　地层岩性 ⋯⋯⋯⋯⋯⋯⋯⋯⋯⋯⋯⋯⋯⋯⋯⋯⋯⋯⋯⋯⋯⋯⋯⋯⋯ (21)
　2.4　地质构造 ⋯⋯⋯⋯⋯⋯⋯⋯⋯⋯⋯⋯⋯⋯⋯⋯⋯⋯⋯⋯⋯⋯⋯⋯⋯ (22)
　2.5　新构造运动与地震 ⋯⋯⋯⋯⋯⋯⋯⋯⋯⋯⋯⋯⋯⋯⋯⋯⋯⋯⋯⋯ (26)
　2.6　水文地质 ⋯⋯⋯⋯⋯⋯⋯⋯⋯⋯⋯⋯⋯⋯⋯⋯⋯⋯⋯⋯⋯⋯⋯⋯⋯ (29)
　2.7　人类工程活动 ⋯⋯⋯⋯⋯⋯⋯⋯⋯⋯⋯⋯⋯⋯⋯⋯⋯⋯⋯⋯⋯⋯ (31)
第 3 章　典型黄土滑坡工程地质特征及稳定性评价 ⋯⋯⋯⋯⋯⋯⋯⋯ (34)
　3.1　滑坡工程地质调查与三维建模方法 ⋯⋯⋯⋯⋯⋯⋯⋯⋯⋯⋯⋯ (35)
　3.2　典型地质灾害体调查概况 ⋯⋯⋯⋯⋯⋯⋯⋯⋯⋯⋯⋯⋯⋯⋯⋯ (41)
　3.3　小　结 ⋯⋯⋯⋯⋯⋯⋯⋯⋯⋯⋯⋯⋯⋯⋯⋯⋯⋯⋯⋯⋯⋯⋯⋯⋯ (51)
第 4 章　典型黄土滑坡物理力学指标特性分析 ⋯⋯⋯⋯⋯⋯⋯⋯⋯⋯ (53)
　4.1　黄土的物理性质 ⋯⋯⋯⋯⋯⋯⋯⋯⋯⋯⋯⋯⋯⋯⋯⋯⋯⋯⋯⋯⋯ (53)
　4.2　黄土的颗粒组成 ⋯⋯⋯⋯⋯⋯⋯⋯⋯⋯⋯⋯⋯⋯⋯⋯⋯⋯⋯⋯⋯ (56)
　4.3　黄土的压缩性 ⋯⋯⋯⋯⋯⋯⋯⋯⋯⋯⋯⋯⋯⋯⋯⋯⋯⋯⋯⋯⋯⋯ (60)
　4.4　黄土的湿陷性 ⋯⋯⋯⋯⋯⋯⋯⋯⋯⋯⋯⋯⋯⋯⋯⋯⋯⋯⋯⋯⋯⋯ (62)
　4.5　黄土的渗透性 ⋯⋯⋯⋯⋯⋯⋯⋯⋯⋯⋯⋯⋯⋯⋯⋯⋯⋯⋯⋯⋯⋯ (65)
　4.6　黄土的三轴剪切特性 ⋯⋯⋯⋯⋯⋯⋯⋯⋯⋯⋯⋯⋯⋯⋯⋯⋯⋯ (66)
　4.7　黄土的直接剪切特性 ⋯⋯⋯⋯⋯⋯⋯⋯⋯⋯⋯⋯⋯⋯⋯⋯⋯⋯ (70)
　4.8　泥岩的物理力学特性 ⋯⋯⋯⋯⋯⋯⋯⋯⋯⋯⋯⋯⋯⋯⋯⋯⋯⋯ (71)
　4.9　小　结 ⋯⋯⋯⋯⋯⋯⋯⋯⋯⋯⋯⋯⋯⋯⋯⋯⋯⋯⋯⋯⋯⋯⋯⋯⋯ (73)

第5章 典型黄土斜坡现场降雨入渗试验研究 (75)
- 5.1 试验背景和目的 (75)
- 5.2 试验场地 (75)
- 5.3 试验场地搭建 (83)
- 5.4 试验工况 (85)
- 5.5 数据采集 (89)
- 5.6 岩土性质测试 (90)
- 5.7 结果分析 (93)
- 5.8 小 结 (112)

第6章 降雨诱发黄土滑坡形成机理物理模型试验 (113)
- 6.1 物理模型试验理论基础 (113)
- 6.2 物理模型试验方案设计 (114)
- 6.3 物理模型试验结果与滑坡机理分析 (126)
- 6.4 小 结 (141)

第7章 基于数值模拟的黄土斜坡降雨入渗与稳定性分析研究 (143)
- 7.1 数值分析和降雨入渗理论基础 (143)
- 7.2 有限元模型建立与降雨工况设计 (145)
- 7.3 数值模拟结果分析 (148)
- 7.4 不同坡形降雨条件下斜坡稳定性数值模拟分析 (149)
- 7.5 小 结 (154)

第8章 宁夏南部地区地质灾害气象预警阈值判据构建 (155)
- 8.1 模型构建思路 (155)
- 8.2 宁夏南部地区降雨阈值模型构建 (155)
- 8.3 不同坡度降雨条件下的斜坡稳定性数值模拟分析 (158)
- 8.4 降雨预警阈值模型验证 (165)

第9章 结论与展望 (168)
- 9.1 结 论 (168)
- 9.2 存在的问题 (169)
- 9.3 展 望 (170)

主要参考文献 (171)

第 1 章 绪 论

1.1 宁夏南部地区地质灾害防治背景

宁夏回族自治区地处西北五省的东部区域，地质灾害较发育，且种类多、分布广、危害严重，主要有滑坡、崩塌、泥石流、地面塌陷、地裂缝等。截至 2024 年 10 月，宁夏全区已查明地质灾害 1038 处，威胁近 2 万人、13.41 亿元生命财产安全，其中，滑坡 437 处、崩塌 443 处、泥石流 154 处、地面塌陷 3 处、地裂缝 1 处。为切实做好地质灾害防治，夯实各项工作基础，宁夏自然资源部门先后召开地质灾害防治工作部署、推进会议，组织完成全区地质灾害隐患排查、专题培训、应急响应演练和科普宣传，统筹部署地质灾害专业监测、治理、勘查工程和部分县（区）地质灾害风险调查评价、综合遥感早期识别和地质灾害风险双控示范区建设。

宁夏南部地处黄土丘陵区，是宁夏回族自治区地质灾害最发育的地区，地质灾害类型以滑坡为主，并伴有崩塌、泥石流等，黄土滑坡在我国黄土地区具有典型性。根据近几年县（市）地质灾害调查结果，宁夏南部 7 县（区）共发现以滑坡为主的各类地质灾害隐患点 812 处，其中重险点 283 处，且每年汛期都有新的隐患点出现，灾害具有突发性、群发性强、危害大等特点，对当地人民群众的生命财产构成了严重威胁。因此，选择宁夏南部地区开展典型黄土滑坡勘查，查明地质灾害形成的地质环境条件及其发育情况与特征，评价滑坡稳定性、危险性以及演化发展趋势并提出防治措施，以及研究降雨入渗诱发地质灾害规律，探索滑坡灾害降雨阈值，构建多参数高精度地质灾害预警预报模型，对提高黄土地区地质灾害预警预报水平具有重要意义，且具有广泛的推广应用前景。

1.1.1 工作区地理位置

宁夏南部地区系指泾源县、隆德县、彭阳县、西吉县、原州区、同心县和海原县一区六县，除海原县属中卫市管辖、同心县属吴忠市管辖外，其他各区县均归固原市管辖。地理位置在东经 105°19′—106°58′、北纬 35°14′—37°04′之间，东西宽约 150km，南北长约 245km，总面积 19 946.50km²。

宁夏南部地区交通便利，中宝铁路、银平公路、福银高速公路、银昆高速公路由南向北，109 国道、309 国道由东向西近平行穿过 7 县（区）辖区，203 省道纵贯南北，呈辐射状连接县城与县内各乡镇及周边区县的县乡级公路。各乡镇通柏油路，村村有便道相通，形成四通八达的交通网（图 1.1-1）。

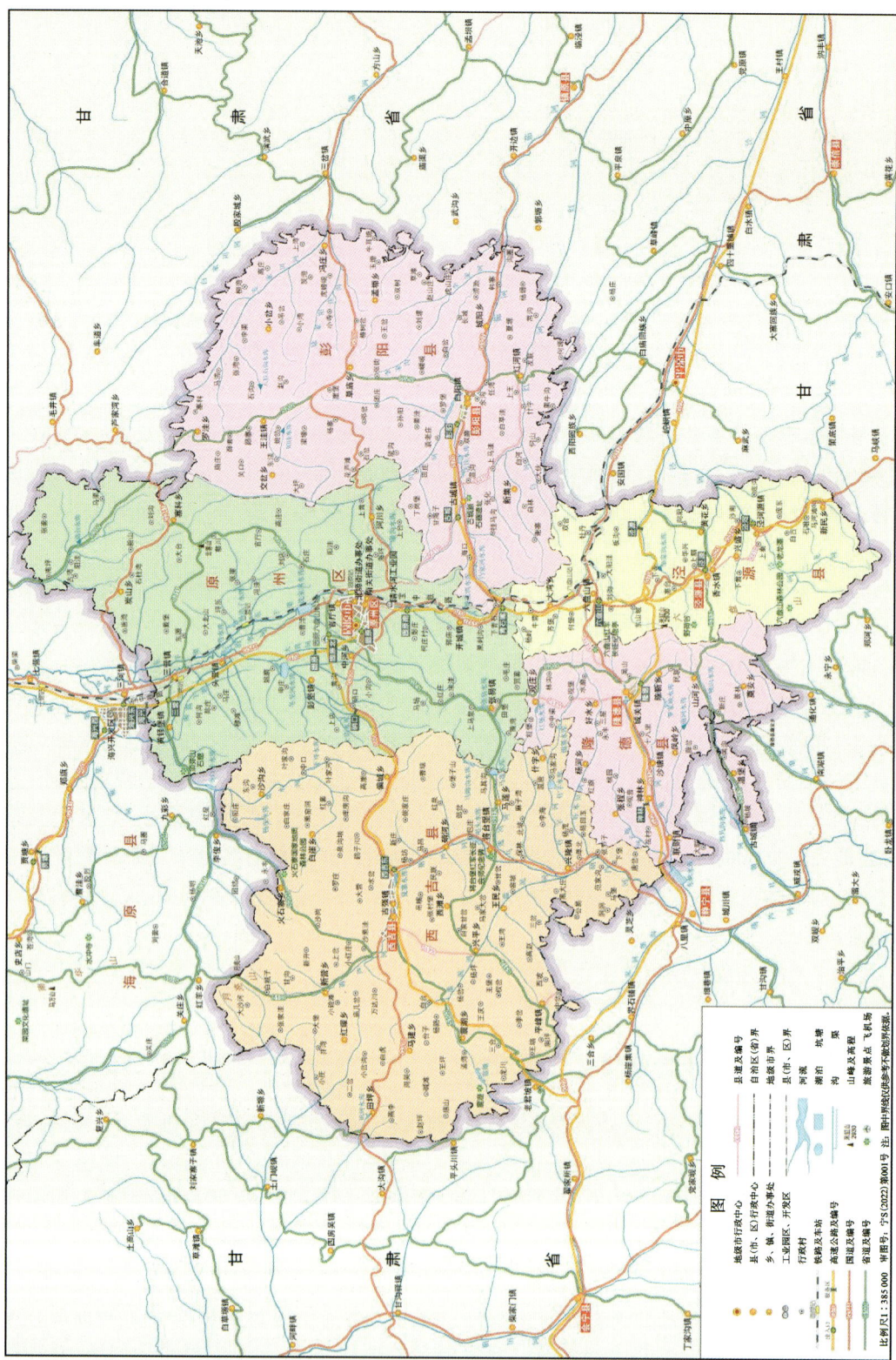

图1.1-1 工作区交通位置图

第1章 绪 论

根据已有地质资料,宁夏南部地区地质灾害的主要类型有滑坡、崩塌、泥石流、地面塌陷和地裂缝5种,共计812处。其中,崩塌350处、滑坡433处、泥石流27处、地面塌陷2处,可见崩塌、滑坡地质灾害最发育。崩塌规模和致灾程度较小,造成经济财产损失和人员伤亡的多为人为修筑窑洞切坡活动所致的小型黄土崩塌,危岩体范围清晰,一般不需要采用工程勘查手段。因此,本书主要针对滑坡开展相关的分析和研究。

已有资料显示,宁夏南部7县(区)中,彭阳、西吉、隆德3县滑坡最为发育,共321处,占整个宁夏南部地区滑坡的74.1%。黄土滑坡以黄土层内和黄土-基岩滑坡为主,特征明显,类型多样,可作为宁夏南部黄土丘陵区典型滑坡代表。因此,本研究工作区确定为彭阳、西吉、隆德3县。

西吉县位于六盘山西麓,东连原州区,北靠海原县,西接甘肃会宁县,南邻隆德县和甘肃静宁县,地理位置在东经105°19′—106°05′、北纬35°34′—36°14′之间。

彭阳县位于宁夏东南部边缘六盘山东麓,西与固原市原州区相邻,东、南、北分别与甘肃省的镇原县、平凉市、环县接壤,地理位置在东经106°32′—106°58′、北纬35°41′—36°17′之间。

隆德县东以六盘山主峰为界与泾源县相连,东北接原州区,西北与西吉县接壤,南、西与甘肃省庄浪县和静宁县为邻,地理位置在东经105°48′—106°15′、北纬35°21′—35°47′之间。

1.1.2 以往工作程度

多年来,地矿部门在宁夏南部地区做了大量的基础地质、水文地质、矿产地质、工程地质、环境地质和地质灾害等工作,积累了丰富的资料,所形成的一系列成果与图件对本研究提供了有力的基础与支持(表1.1-1)。

表1.1-1 工作区及相邻地区水工环地质工作主要成果统计表

类别	成果名称	比例尺	时间	工作单位
区域地质、水文地质	固原幅区域地质调查	1:20万	1961年	宁夏回族自治区区域地质调查队
	平凉幅1:20万区域地质测量	1:20万	1973年	甘肃省地质矿产勘查开发局第二区域地质测量队
	同心幅区域地质调查	1:20万	1961年	宁夏回族自治区区域地质调查队
	宁夏回族自治区区域地质志		2012年	宁夏回族自治区地质调查院

续表 1.1-1

类别	成果名称	比例尺	时间	工作单位
环境地质、灾害地质	宁夏回族自治区地质灾害图	1∶35万	1991年	宁夏回族自治区水文环境地质调查院
	宁夏回族自治区1∶50万环境地质调查	1∶50万	1997—2001年	宁夏回族自治区地质工程院
	隆德县地质灾害调查与区划	1∶10万	2009年	宁夏回族自治区地质环境监测总站
	宁夏回族自治区隆德县地质灾害详细调查报告	1∶5万	2014年	宁夏回族自治区国土资源调查监测院
	西吉县地质灾害调查与区划	1∶10万	2003年	宁夏回族自治区地质环境监测总站
	宁夏回族自治区西吉县地质灾害详细调查报告	1∶5万	2010年	宁夏回族自治区国土资源调查监测院
	彭阳县地质灾害调查与区划	1∶10万	2006年	宁夏回族自治区地质环境监测总站
	宁夏回族自治区彭阳县地质灾害详细调查报告	1∶5万	2010年	宁夏回族自治区国土资源调查监测院
	宁夏回族自治区地质灾害风险调查总体评价报告（隆德县）	1∶5万	2021年	宁夏回族自治区国土资源调查监测院
	宁夏回族自治区固原市西吉县地质灾害风险调查评价报告	1∶5万	2022年	宁夏回族自治区地质矿产勘查院
	宁夏回族自治区固原市彭阳县地质灾害风险调查评价报告	1∶5万	2022年	宁夏回族自治区矿产地质调查院
其他	《西吉县地质灾害防治"十四五"规划》（2021—2025年）		2022年	西吉县人民政府办公室

1.1.3 存在的问题

(1)宁夏南部地区广泛分布大量黄土层内和黄土-基岩滑坡,在我国黄土地区具有典型性。已有资料基本查明了地质灾害的种类、空间分布、变形特征和灾害状况,但对各种地质灾害的形成机理缺乏系统深入的研究,且资料分散、地域性强、信息化程度不高,造成已有研究成果利用率较低。

(2)综合遥感以及航测技术的快速发展对新技术、新方法在地质灾害调查评价工作中的应用提出了新的要求,削坡建房及交通干线改扩建等人类工程活动强烈区域亟需更新地质灾害风险识别手段,通过前瞻性识别与预警最大程度降低地质灾害的影响。目前宁夏南部地区这方面工作还存在不足。

(3)地质灾害预警预报是地质灾害防治的重要手段,宁夏南部地区降雨事件少且多为极端降雨,导致用于地质灾害监测预警研究的历史灾害和专业监测分析样本少、预警模型迭代慢,亟需在研究地质灾害形成与演化机理的基础上,构建多参数、高精度地质灾害预警预报模型,以提高预报精度,降低极端条件下地质灾害的风险。

1.2 降雨诱发滑坡灾害及其预警预报研究现状

1.2.1 降雨作用下斜坡失稳破坏机制研究现状

降雨导致斜坡失稳的原因主要体现在3个方面:①降雨对斜坡岩土体的加载作用使饱和岩土体的容重增大,并产生动、静水压力;②降雨侵蚀坡脚,破坏坡体结构;③降雨弱化岩土体物理力学性质,泥化、软化滑带,且黏土矿物的水化作用导致岩土体黏聚力降低甚至消失,改变斜坡岩土体力学性能。

郜泽郑(2019)认为尽管降雨作用下斜坡失稳破坏的原因较多,但究其本质,主要集中在坡内雨水入渗的渗流作用和地下水作用两个方面。降雨入渗引起坡内孔隙水压力和坡体力学性质改变,降低坡体稳定性。根据太沙基有效应力原理,降雨入渗引起斜坡孔隙水压力增大、有效应力降低,从而导致斜坡稳定性降低直至失稳破坏。国内外研究渗流作用是基于饱和渗流理论进行的,如有学者提出了滑坡运动的浴缸模型和水槽试验,分析了坡内孔隙水压力、斜坡变形演化与降雨入渗的关系,得出滑坡与斜坡的颗粒成分和级配有重大关系(Pearce and Andrew,1990;Okura et al.,2002;Wang et al.,2003)。张倬元等(1997)提出了滑坡平推式滑动机理以及黄润秋等(2005)提出水垫-楔裂效应,认为暴雨使得斜坡体迅速饱和,斜坡有效应力降低,从而导致斜坡失稳破坏。

为改进饱和渗流局限于斜坡物质结构具有各向同性的缺点,国内外学者进行了非饱和渗流理论的降雨斜坡失稳机理研究。基于前人的理论和非饱和试验研究,Fredlund(1987)建立了理论方程并提出了非饱和土体抗剪强度公式和非饱和土边坡稳定性分析方法。Alonso 和 Gens(1995)、朱海军和周剑兵(2004)、付宏渊等(2012)、蒋水华等(2019)基于有限元理论,研究了降雨条件下坡内孔隙水压力、浸润线、暂态饱和区变化、应力场、压力场、位移场等变化特点。Cho 和 Lee(2001)、Lourenco 等(2006)探讨了不同渗透性引起的孔隙水压力变化和斜坡破坏模式,并分析了土体渗透性以及瞬时孔隙水压力对斜坡安全系数的影响。

雨水和地表水通过下渗形成地下水,地下水通过力学作用、物理作用和化学作用影响坡体稳定性。近年来,大量专家学者对滑坡地下水的影响进行了研究,考虑地下水位动态变化,运用有限元方法建立安全系数与地下水位关系。何满潮等(1998)基于边坡岩体地下水水力学性质研究将岩体分为3种介质,分别为透水介质、复合介质和隔水介质,讨论地下水在不同介质中对边坡岩体的作用。刘才华等(2005)基于库岸边坡稳定性的研究,得出地下水的软化作用、浮托力和动水压力是造成库岸边坡失稳的主要原因。张卫民等(2005)基于极限平衡法分析了地下水位线与斜坡稳定性的关系,发现斜坡稳定性对地下水位线最敏感的位置位于坡高 3/10~4/10 处。明海燕等(2007)通过耦合有效应力与剪胀模型分析了地下水的影响,发现水位上升和渗流是边坡变形破坏的关键因素。辛鹏等(2012)采用试验加模拟方法分析了降雨作用下黄土-基岩型滑坡地下水位线、应力变化特点。

1.2.2 黄土斜坡水分入渗过程研究现状

由水导致的斜坡失稳是黄土滑坡的一种重要类型,《中国典型滑坡》一书中列举了 90 多个滑坡实例,有 95% 以上的滑坡都与水的作用有着密切的关系(殷跃平,2007),而在这一过程中水分的运移是关键(徐则民等,2004)。

黄土高原地层上覆的包气带厚度较大,可达 30~80m,黄土渗透性是影响水文循环的重要参数(Huang et al.,2013)。在包气带浅表层饱和土的渗透系数求取方面,有经典的达西试验,有基于原位测试的双环和单环入渗试验、河床入渗模拟试验等(Lai and Ren,2007;Bagarello et al.,2009),也有学者通过试验与解析相结合的方法对渗透系数进行求取(Li and Li,2009)。在对渗透性曲线测量方面,研究方法主要分为间接法和直接法。间接法主要是基于孔隙分布概率建立统计模型(Mualem,1978;Song et al.,2009;Thomas et al.,2011),或建立非饱和渗透系数与基质吸力间的经验公式(Richard,1931)。渗透性曲线可以通过室内试验直接测量,其中最为常用的是水平渗透法和瞬态剖面法(Bruce et al.,1956)。

均质黄土的渗透性差,水分从地表向下运移至地下水位需要一个漫长的过程(Tu et al.,2009;Li et al.,2005;李萍,2013)。然而,黄土斜坡地带广泛分布的裂隙、落水洞等,在降雨或灌溉条件下,可使得地表水沿优势通道快速入渗,引起水文场变化,进而造成斜坡变形失稳(Xu et al.,2012)。关于饱水带的水分运移,诸多学者对黄土塬区的含水特征、赋存富集规律、运移特征进行了阐述,探讨了黄土塬区潜水的降水入渗补给机理、补给时间和补给强度(张常亮等,2014;詹良通等,2019)。

关于黄土斜坡中的优势入渗现象,它既可以发生在饱和带,也可以发生在非饱和带(Guo and Li,2018),但在黄土斜坡区以非饱和带的优势流为主,并对浅表层斜坡稳定性产生影响(吴礼舟和黄润秋,2011)。关于优势流的调查研究,最早可以追溯到 1850 年(Stamm,1997;Jarvis et al.,2012)。20 世纪 80 年代,Beven 等(1982)对优势入渗现象的研究进展进行了详细介绍,并对优势流进行了水文试验观测。也是从这个时候开始,优势流的研究引起了越来越多学者的关注,当时涌现了大量的研究成果(Lin,2010;Beven and Germann,2013;Jarvis et al.,2016)。优势流的观测和研究方法较多(Allaire et al.,2009)。Guo 和 Lin(2018)对已有研究中优势流观测方法及其使用频率进行了系统的总结,统计结果表明,野外染色示踪后开挖是最常用的手段,但这种方法具有破坏性和不可重复性;其次是穿透曲线法和基于传感器的野外监测,传统的穿透曲线法无法反映优势流的流动路径,室内土柱穿透曲线又受到土柱尺寸和边界条件的影响,传感器监测则由于受到安装密度的限制,很有可能无法捕捉优势入渗过程。有少部分成果使用了地球物理调查(Zeng et al.,2016)和 CT 扫描技术。采用高密度电法和地震探测相结合,可以很好地查明地质结构和水分分布(Perrone et al.,2014),多种方法相结合可对各方法得到的数据进行验证,并且在一定程度上克服每种方法的缺陷(Allaire et al.,2009),是未来研究的发展趋势。

关于水分入渗及其引起的水循环已成为黄土地质灾害防控中广为关注的科学问题,将水分入渗与斜坡失稳相联系,国内外学者分别采用室内实验、原位监测、数值模拟等手段开展了诸多探索(Li et al.,2017)。非饱和带黄土含水率的升高导致土体有效应力降低,地下水位的抬升导致饱和带黄土抗剪强度减弱,这些都可能引起黄土斜坡的变形破坏(Wen and Yan,2014;Garakani et al.,2015)。Terzaghi(1943)最早研究了饱和多孔介质中流体流动、固体变形耦合现象,首次提出饱和土体的有效应力原理和饱和土体一维固结理论,指出孔压变化规律是研究降水诱发型滑坡机理的关键。黄润秋等(2005)在 Terzaghi 的基础上,揭示了两类极端情况下水位升高导致的地质灾害形成机理,认为在这样的灾害中水的力学作用是关键。针对灌溉诱发黄土滑坡的相关研究表明,地下水位上升及其引起的黄土工程地质性质弱化和液化,水-力耦合作用是引起斜坡失稳的主要原因(许强等,2016;张茂省,2013;金艳丽和戴福初,2007)。亓星等(2018)通过野外调查和位移监测获取了静态液化型黄土滑坡的完整变形曲线,认为滑前坡体底部饱水黄土的静态液化是使滑坡连续发生的原因,该类型滑坡呈明显的渐进后退式破坏模式。

综上所述,无论是从饱和还是非饱和角度,前人采用室内试验、现场试验和数值模拟等手段对水分入渗过程及其引发的黄土滑坡均开展了大量研究,积累了丰富的经验,但由于黄土斜坡内水分入渗特别是优势入渗过程复杂,要精确刻画这一过程,需要依赖监测技术开展长期的原位监测,在准确获取水分入渗过程数据的基础上对斜坡变形破坏过程加以分析和研究,而这些研究尚待深入。

1.2.3 渗流场与应力场耦合分析研究现状

实际渗流过程中,孔隙水压力发生变化,一方面会打破岩土体内原有的相对平衡状态,引发岩土体骨架应力的变化,导致岩土体变形;另一方面,岩土体的变形又会影响到孔隙流体的压力及分布,这种随时间发展的渗流场与应力场的相互作用称为流固耦合作用。在 20 世纪初,太沙基以土体是饱和的、均质的、各向同性的、不可压缩的以及土体中水的渗流服从达西定律等作为基本假设,提出了一维固结理论和有效应力原理。这是首次提出岩土体与流体的相互作用理论。随后,在20世纪40年代,比奥将太沙基一维固结理论推广到三维,称为真三维固结理论,该理论比太沙基解法更符合实际。

边坡稳定的本质是渗流场与应力场的耦合。20世纪80年代以来,随着计算水平的提高与计算理论的不断完善,数值模拟软件不断更新,国内外众多学者对渗流-应力耦合原理在边坡稳定性分析中的应用有了更进一步的理解。柴军瑞和李守义(2004)对三峡库区泄滩滑坡的渗流场与应力场进行耦合分析,得出滑坡体内水头分布、滑带底面承受的浮托力分布以及各应力分量分布,发现泄滩滑坡水力学特性上的互层状结构不利于滑坡体的稳定,耦合作用对渗流场的影响不大,但对应力场的影响较大。姚燕雅和孙建飞(2013)基于地下水渗流对边坡稳定性影响的机理研究,提出了渗流场-应力场耦合作用下基于场变量的有限元新方法,该法可以控制土体强度参数的变化,实现参数的连续减小,同时考虑了渗流压力的实际分布状态,计算结果较为合理。汪斌等(2007)基于流固耦合理论,以黄土坡滑坡前缘临江崩滑堆积体为例,对泄水下滑坡流固耦合作用进行数值模拟,得到应力场、变形场和渗流场场的演化规律,探究考虑应力场与渗流场耦合作用下的边坡变形失稳机理,并计算耦合与非耦合计算工况下边坡稳定性的动态变化趋势,得出库水位下降引起滑带附近的超孔隙水压力改变是导致边坡变形和失稳的重要因素。童富果等(2008)从坡面径流和降雨入渗控制方程着手,建立了基于有限元方法的耦合方程求解模型,实现了耦合问题的直接求解。该耦合计算模型与求解方法避免了坡面径流和降雨入渗间的迭代计算,在一定程度上节省了计算的时间。方正(2022)基于流固耦合理论和非饱和土强度理论,对降雨型滑坡产生的影响进行了数值建模研究,结果表明在不同降雨类型工况下,虽然降雨量相同,但降雨强度有差异,因此边坡孔隙水压力的分布和边坡的稳定性变化也有所不同,在已知降雨量和降雨持时的条件下,采用线性递增型降雨类型进行计算更为安全。Chen和Lee(2003)建立了一个降雨诱发浅层滑坡的模型,采用流固耦合和大变形有限元分析,实现了对降雨诱发滑坡失稳整个渐进破坏过程的模拟,该模型可以很好地评估边坡破坏后的大变形。

从目前国内外学者的研究成果可以看出,对于渗流场-应力场耦合,主要采用单向耦合法和直接耦合法进行研究。单向耦合法,例如在Geo-studio软件中,先计算出渗流场分布,再基于孔隙水压力进行应力-应变计算;直接耦合法是联立渗流场-应力场控制方程,通过有限元法对渗流场、应力场同时进行迭代计算。现在,国内外学者大多是基于比奥固结理论,采用有限元法对边坡进行耦合求解。渗流-应力直接耦合的特点是应力-应变和渗流方程同时被求解,在有限元软件中,位移和水力边界的选取尤为重要。

1.2.4 现场入渗试验研究现状

由于野外观测周期长,在短时间内难以捕捉到完整的斜坡破坏形成演化过程以及在这个过程中关键因子指标的变化,特别是存在缓慢蠕变的滑坡,这极大程度地限制了滑坡形成机制和启动阈值的研究。现场原位监测的人工降雨试验可为滑坡形成演化过程和启动阈值提供有效途径。

为了更好地理解降雨型滑坡形成演化机制以及破坏前后各种因子指标的变化规律,有研究者开展了现场人工降雨模拟和注水的试验研究。这些试验对象主要是膨胀土边坡、残坡积土斜坡、堆积层斜坡以及黄土斜坡,研究也多集中在流滑这种高速远程并且具有极强破坏能力的滑坡的运动过程和机理理解上。具体包括:①斜坡在降雨或注水作用下的渗透规律和过程以及与滑坡发生相关因子的变化过程与规律;②在降雨诱发条件下斜坡破坏前后孔隙水压力等内部指标的变化,即对滑坡形成演化和运动过程机理的力学分析。如 Harp 等(1990)较早地在美国开展现场人工降雨和注水启动滑坡试验研究,以寻求孔隙水压力在斜坡破坏前后的变化规律。结果表明,在早期渗透过程中,孔隙水压力持续上升,但在滑坡滑动前,监测到孔隙水压力急剧降低。同时,此研究强调了裂缝和大孔隙等优势通道对斜坡内部水体渗流路径、渗透和流动起控制作用,导致斜坡内部状态的时空差异性,使土体属性在试验过程中持续发生变化。该研究对降雨型滑坡的预警和运动规律有较好的启示作用,但尚未阐述这种状态属性变化对内部渗流影响和孔隙水压力变化的影响。张伟等(1999)为满足边坡排水设计和科研需要,在三峡库区开展风化带降雨入渗的现场模拟研究,得到风化带土体入渗能力和地表产流的条件,这是国内首次针对边坡工程开展的降雨试验工作。胡明鉴等(2001)在蒋家沟流域开展降雨条件激发滑坡的现场试验研究,并借助室内剪切试验解释滑坡启动机理。Ng 和 Zhan(2011)选择有草体覆盖的斜坡进行研究,结果表明受裂缝和植被覆盖的影响,斜坡含水量和孔隙水压力的空间分布存在差异,植被的存在较大程度地增加了浅层土体入渗率,使地表径流产生时间推迟。该研究为膨胀土非饱和滑坡形成演化机制的分析提供了有力的现场证据,对于非饱和土滑坡研究具有重要意义。Ochiai 等(2004)在日本风化花岗岩自然斜坡开展人工降雨条件下触发流滑的研究,得到了表层土体在降雨条件下的动态运动、滑动面的形成过程和水文特征,但研究仅针对变形进行观测,并未将观测得到的内部指标和位移变化进行关联,未对破坏和运动的力学机制进行深入剖析。Rahardjo 等(2005)在新加坡南洋理工大学校园开展人工和自然降雨条件下的残积土斜坡地表径流与入渗规律研究,得到不同降雨条件下地表径流、入渗以及含水量等内部指标的变化规律,并对前期降雨和孔隙水压变化关系进行研究。该研究可以为降雨型滑坡形成机理的理解和渗流分析的流量边界设置提供一定的依据。周中等(2007)研究降雨入渗引起的堆积层滑坡失稳机理和边坡性状随时间的变化规律,得到变形区坡面以下 0~4m 入渗率随时间增加而降低并达到稳定,孔隙水压增加和吸水软化双重作用弱化强度导致斜坡失稳。傅鹤林等(2009)采用人工降雨模拟和开挖模拟在堆积层边坡上开展原位试验,研究滑坡触发因素和其对滑坡的影响,得到在不同诱发条件下的边坡变形破坏模式。Lehmann 等(2013)开展人工降雨条件下的稳定边坡和不稳定边坡高密电法监测研究,得到土体饱和度空间平均标准差在斜坡稳定和变形状态下随时间的变化规律,为滑坡启动阈值提供了水文学、地球物理学指标。

黄土由于具有大孔隙、垂直节理、遇水湿陷等特殊性质,在降雨条件下极易诱发各种类型的滑坡,因此有研究者在黄土区开展现场试验研究水在黄土中的渗透过程及土水相互作用的互馈机制。如 Xu 等(2011)在黑方台黄土台塬边缘开展注水试验,研究裂缝对台塬区灌溉水入渗的影响,结果表明孔隙水压的快速增加使斜坡失稳,当发生位移时,裂缝下孔压急剧上升(通过裂缝的层内流动使水体快速入渗和消散)。丁勇(2011)对山西中南部黄土高边坡进行人工降雨试验，得到不同雨强下蒸发和降雨影响深度以及吸力、含水率和渗压等内部指标变化规律，但发现入渗深度不仅与降雨特征有关，还受岩土体性质及观测深度和时间的影响。李哲等（2013）研究了人工降雨条件下黄土边坡内部孔隙水压力的时间和空间变化规律。这些研究对于理解降雨诱发滑坡的入渗规律、机理和运动规律的认识有重要意义，为降雨型滑坡的缩尺度研究提供了极好的借鉴。

1.3　本书主要研究内容和意义

本书在收集、分析已有资料的基础上，结合宁夏南部地区地质灾害的分布规律和特征，选取类型典型、风险性较高的地质灾害点作为勘查对象进行勘查数据库建设，考虑不同坡体结构地质灾害的特殊性，借助钻探和井探查明坡体的地层结构与岩土体的物理力学指标，并通过三维建模的方式展示典型灾害点及其周边未失稳斜坡的坡体结构。

宁夏南部地区地质灾害的主要诱发因素为降雨，为进一步揭示降雨过程中斜坡（或滑坡）地表水入渗规律及其致灾机理，借助现场降雨入渗试验，选取不同结构的坡体和降雨工况，系统查明降雨时地表水入渗过程、岩土体劣化规律和斜坡变形破坏过程与模式。地质灾害的孕育、发生和发展涉及斜坡地形、岩土体性质以及降雨等条件的制约和影响。为了系统地揭示地质灾害的形成机理，在前期勘查和降雨入渗试验的基础上，选取典型的地质灾害点开展降雨诱发地质灾害物理模型试验，通过物理模型试验可以更加直观地反演地质灾害形成全过程，对坡体变形、土压力、孔隙水压力等进行观察和监测，全面获取地质灾害发生过程中的应力-应变变化规律。数值模拟具有可重复性，基于现场降雨入渗试验和物理模型试验结果，通过改变降雨工况，模拟不同降雨强度和时长下斜坡的入渗规律与应力-应变规律，揭示降雨条件下地质灾害变形破坏机理，并计算其稳定性和失稳模式及范围，最后得出适用于宁夏南部地区地质灾害发生的降雨预警阈值。

全书通过综合灾害勘察、试验和机理分析等手段科学构建预警模型，为地质灾害早期预警提供技术支撑，降低极端条件下地质灾害风险，通过现场试验-数值模拟-经验阈值互馈分析，研究降雨入渗诱发滑坡灾害机制，探索宁夏地区降雨诱发滑坡灾害的背景参数和预警启动阈值。作为滑坡监测预警的基础性研究，所完成的现场降雨入渗试验是在西北黄土地区首次开展的主动性试验，为类似地区黄土滑坡预警预报提供了新的研究思路。

本次研究思路与技术流程见图1.3-1。本书在研究黄土滑坡形成与演化机理的基础上，构建了包括极端降雨、切坡、堆载等多种工况在内的高精度地质灾害预警预报模型。模型能够有效解决宁夏地区地质灾害专业监测分析标本少、气象预警模型迭代慢的问题，对预防该地区地质灾害的发生、提高地质灾害的预报精度、提升应急反应能力提供科学依据和决策保障。

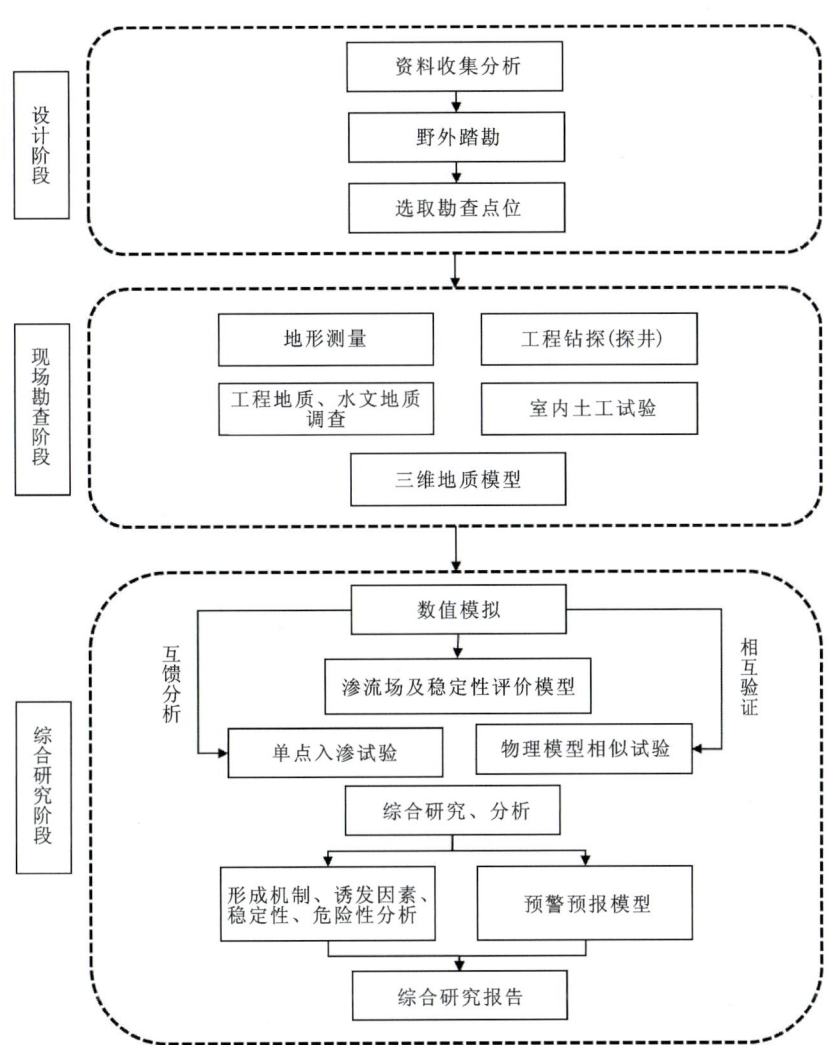

图 1.3-1 研究思路与技术流程图

第 2 章　工作区地质背景

2.1　气象水文

1. 气象

宁夏南部地区气候由北向南分别属于大陆性干旱半干旱区、半干旱区、温带半湿润半干旱区、半湿润半干旱过渡区和温带半湿润区，各区县的气候特征有一定的差异，多年气象要素变化也有所不同。

由图 2.1-1 和表 2.1-1 可以看出，1991—2022 年西吉县年降水量在 255.4～639.1mm 之间，彭阳县年降水量在 143.0～820.0 之间，隆德县年降水量在 359.8～766.0mm 之间。各区县气候特征如下。

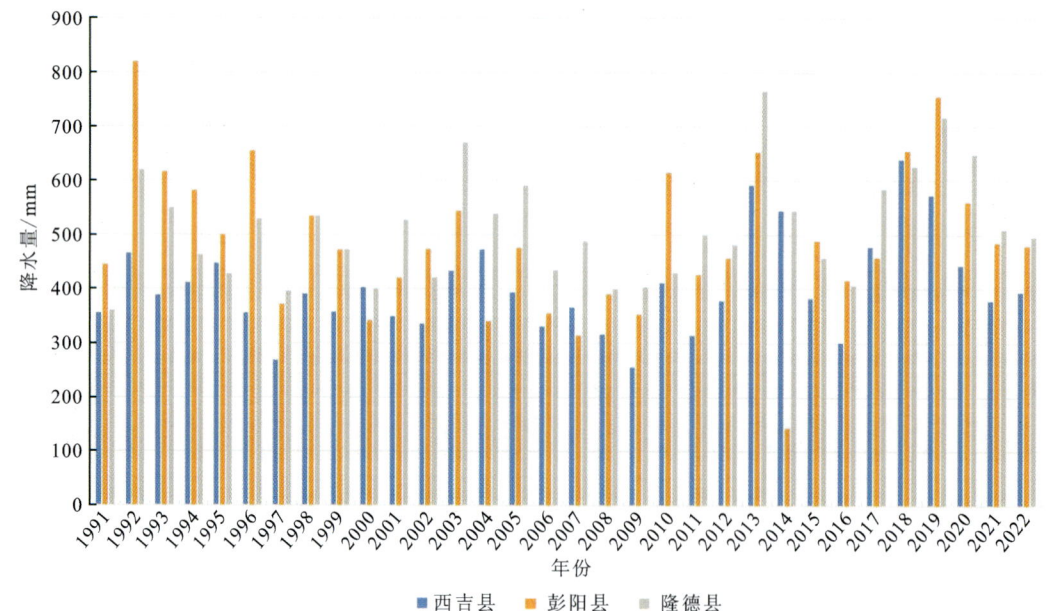

图 2.1-1　宁夏南部地区 1991—2022 年降水量变化图

第 2 章 工作区地质背景

表 2.1-1　宁夏南部地区 1991—2022 年降水量表　　　　　　　　单位：mm

年份	西吉县	彭阳县	隆德县
1991	354.7	446.0	359.8
1992	465.4	820.0	619.7
1993	387.3	617.0	550.0
1994	411.1	582.0	463.0
1995	447.8	500.0	427.0
1996	354.5	655.0	529.4
1997	267.8	372.0	395.4
1998	389.7	535.0	534.9
1999	357.0	473.0	473.1
2000	402.2	342.0	400.5
2001	348.2	420.5	527.7
2002	335.2	474.2	420.4
2003	433.2	544.9	670.0
2004	472.1	341.2	539.5
2005	393.2	476.9	591.1
2006	330.6	355.2	435.4
2007	366.0	314.5	488.7
2008	315.7	390.5	399.5
2009	255.4	353.5	403.3
2010	410.7	615.4	430.0
2011	314.0	426.5	500.1
2012	377.9	457.2	482.0
2013	592.2	653.5	766.0
2014	544.7	143.0	544.8

续表 2.1-1

年份	西吉县	彭阳县	隆德县
2015	382.8	489.6	457.2
2016	300.5	416.7	406.8
2017	478.1	458.6	585.3
2018	639.1	655.6	626.6
2019	573.2	756.9	717.6
2020	444.0	561.5	648.8
2021	378.1	486.4	510.1
2022	393.7	481.0	496.7

注：数据来自宁夏回族自治区气象局。

西吉县年降水量少，且受地形影响强烈，雨季集中，降水分布不均匀，蒸发强烈，全年平均气温低，昼夜温差大，灾害性天气较多。历年的年降水量在 255.4~639.1mm 之间，大部分地区在 400~500mm 之间，各地历史年降水量最多为 780.5mm（月亮山，1964 年），最少为 196.8mm（黄家川，1971 年）。东部近山地带降水较多，什字乡年平均降水量可达 600 多毫米。西部离山地较远，降水较少，田坪乡年平均降水量仅 200 多毫米。每年的 7—9 月降水量占全年总降水量的 65.6%。降水量年际变化率大，总体为东湿西干、南湿北干。但局地降雨变化较大，月亮山南北两麓、火石寨等地的降水明显较多，且多为暴雨，为区域性强降雨中心。降水的形式以突发式局部区域降雨为主，雨量较集中，这种多变性往往构成地质灾害最主要的诱因之一。

彭阳县气候具有四季分明、雨热同季、干旱少雨等特点。多年平均气温 6.3℃，最高气温在 7 月（19.0℃），最低气温在 1 月（-8.2℃）。大部分地区降水量为 400~500mm，自南向北减少，南北相差 150mm 左右。年际降水变化大，多年平均降水量 487.98mm，年最大降水量 820mm（1992 年），最小降水量 143mm（2014 年）。同一年内降水分布极不均匀，4—9 月降水量占全年总降水量的 80%，其中 4—6 月占 25%，而 7—9 月占 55%。据气象部门 1991—2022 年资料，彭阳县连阴雨天气平均每年出现 4 次，1994 年最多，为 8 次。一年之中，连阴雨出现在 4—10 月，相对集中在 9—10 月。最高月降水天数 17~20d，最长连续降水天数为 32d，其中 9 月出现数量最多，降雨强度最大，危害最重。彭阳连阴雨以中期（指连续降雨 8~15d，过程降雨量≥30mm）为主，占总次数的 54%，其次是短期（指连续降雨 5~7d，过程降雨量≥30mm），占总次数的 41%，长期（指连续降雨≥16d，过程降雨量≥30mm）很少，仅占总次数的 5%。持续的降雨使得坡体地下水位不断上升，土体含水趋于饱和，岩土体强度降低，斜坡稳定性下降，最终导致斜坡失稳，产生滑坡和崩塌。

第 2 章 工作区地质背景

隆德县气候受地势差异影响,东部湿润寒冷,西部干燥温暖。据1991—2022年气象资料,年平均气温5.68℃,为宁夏回族自治区最低气温区,极端最低气温−27.3℃(1991年12月28日),极端最高气温36℃(2000年7月24日)。每向东推进1km,平均气温下降0.078℃。年平均降水量为512.51mm,年最大降水量为766mm(2013年),年最小降水量为359.8mm(1991年)。全年大于0.1mm降水日数平均为102.8d,占全年总天数的28.2%;一日最大降水量68.2mm(1996年7月31日),年最长降水日数12d(1999年6月24日至7月5日),降水量61.5mm。7—9月为雨季,降水量占全年总降水量的60%左右。全县年蒸发量784~989mm,年平均相对湿度64.3%。

2. 水文

工作区河流呈树枝状分布,由北向南主要有清水河流域、祖历河流域、葫芦河流域、茹河流域、泾河流域等。其中,清水河几乎贯穿了7个县(区)辖区,其他各河流又有许多支流,各流域河流特征有所不同(表2.1-2、图2.1-2)。

表 2.1-2 工作区河流基本情况表

县名称	河流名称	县内流域面积/km²	县内长度/km	县内年径流量/10^4 m³
西吉县	清水河	564.6		2260
	祖历河	491.0		880
	葫芦河	2 586.0	118.3	23 100
	滥泥河	879.0	57.6	1930
	马莲川河	327.0	43.8	2290
	什字路河	219.0	39.8	1640
	好水河	189.0	51.7	1420
彭阳县	茹河	1 413.0	96.5	1009
	红河	368.0	59.5	270
	安家川河	787.0	49	197
隆德县	葫芦河	1 045.7	158	1070

西吉县内,葫芦河是流经的最大河系,属渭水水系,发源于月亮山南麓,河源海拔2570m,出北峡口时海拔1676m,流经新营、城郊、夏寨等8个乡镇,主要支沟有50条,平均年径流量较大。清水河水系位于县东北部(县内名为中河),分别发源于火石寨、白崖、沙沟等乡的杜家河、金佛河、臭水河等支流,经满寺向北东汇入毗邻的海原县寺口子水库。祖历河水系位于县西北部(县内名为苦水河),发源于田坪、马建、红耀、白城乡等支流,向西北流入甘肃会宁县。除河流外,西吉县还因地震形成了许多堰塞湖,目前尚有30多个。这些堰塞湖规模不一,其中最大的党家岔水面面积达3~4km²。湖泊导致区域地下水位上升,一些位于老滑坡体前缘,对老滑坡复活有不同程度的影响。

彭阳县内河流属泾河水系。其中,茹河是县内主要河流之一,最大洪水流量为1920m³/s;红河位于县南部,属于幼年期河谷,最大洪峰流量1440m³/s,滑坡、崩塌等地质灾害非常发育;安家川河在东北部,多数属于源头发育的一级支沟,多年平均径流量为0.197×10⁸m³。

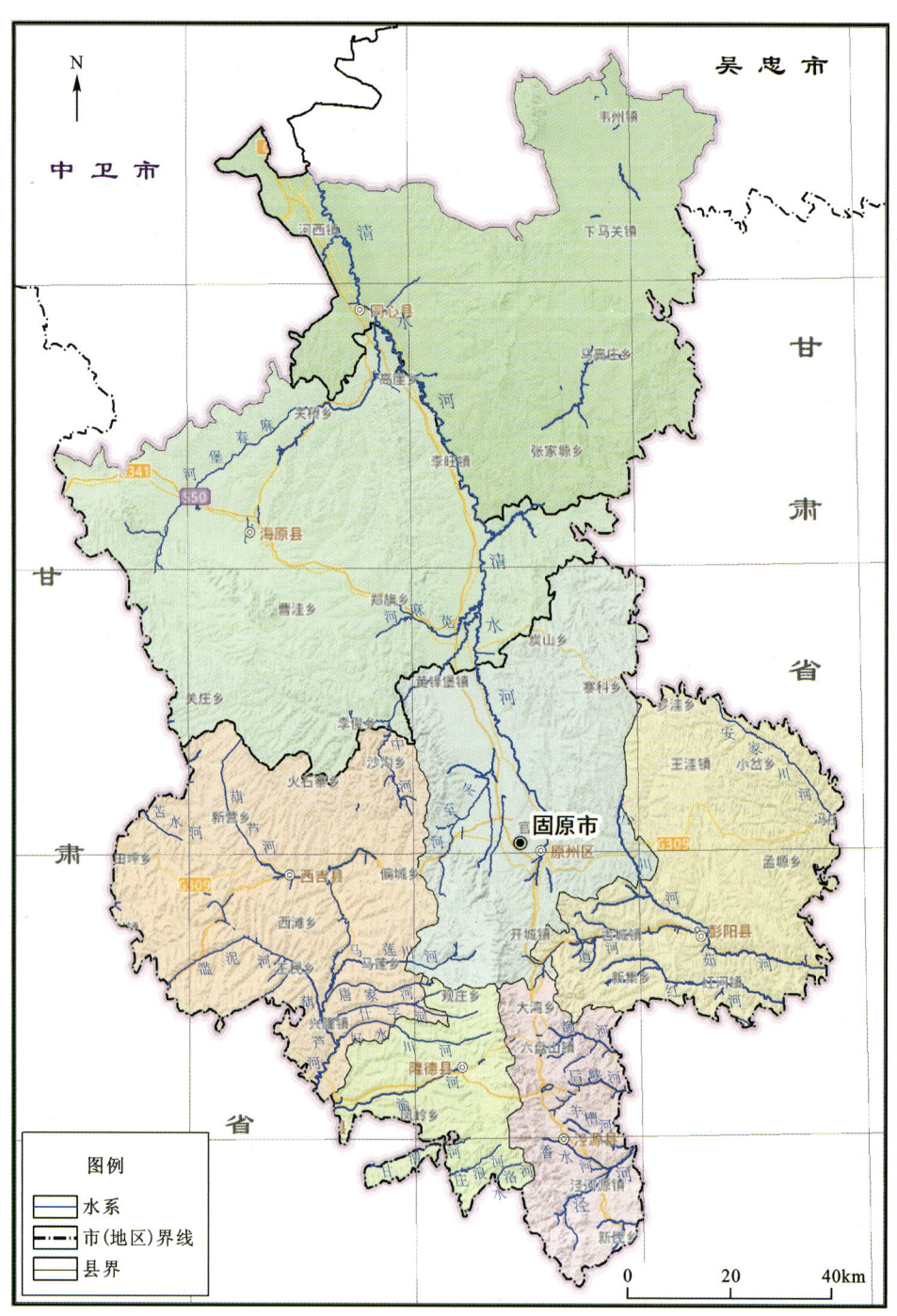

图 2.1-2　宁夏南部水系分布图

隆德县内水系较发育,泉、小溪、河流众多,共有唐家河、什字河、好水河、渝河、甘渭河、庄浪河、水洛河 7 条河流,均属葫芦河流域,且均发源于六盘山区,向西流入葫芦河再转而归入渭河,具有水量大、矿化度较低、泥砂较少等特点。全县共有 123 条季节性沟谷,这些沟谷水流为当地主要的人畜饮用水源,水质较好。沟谷水流和泉水流量每年 12 月至次年 6 月最小,有的甚至干涸,每年 7—9 月最大,与降雨特点相符。

2.2 地形地貌

工作区地形由北向南起伏极大,地貌类型随地势的起伏也不尽相同,主要类型有黄土丘陵、土石质中低山、红层丘陵和河谷平原等(图 2.2-1、图2.2-2)。

(a)黄土丘陵　　(b)土石质中低山

(c)红层丘陵　　(d)河谷平原

图 2.2-1　工作区典型地貌类型

1. 黄土丘陵区

西吉县黄土丘陵区分布在葫芦河以东的广大区域,地貌以黄土墚峁为主,具有顶圆、坡长、沟深的特点,其间因海原大地震发育众多的滑坡重力堆积地貌和堰塞湖。

黄土丘陵是彭阳县最主要的地貌类型,海拔在 1400～1900m 之间,土质疏松,剥蚀严重,现主要为黄土残塬和黄土墚峁。黄土残塬由黄土高原侵蚀切割而成,区内主要有长城塬、刘塬、孟塬(图 2.2-3)、何塬、夏塬等。黄土堆积厚度多小于 100m,塬面较平坦,有的微倾斜,由

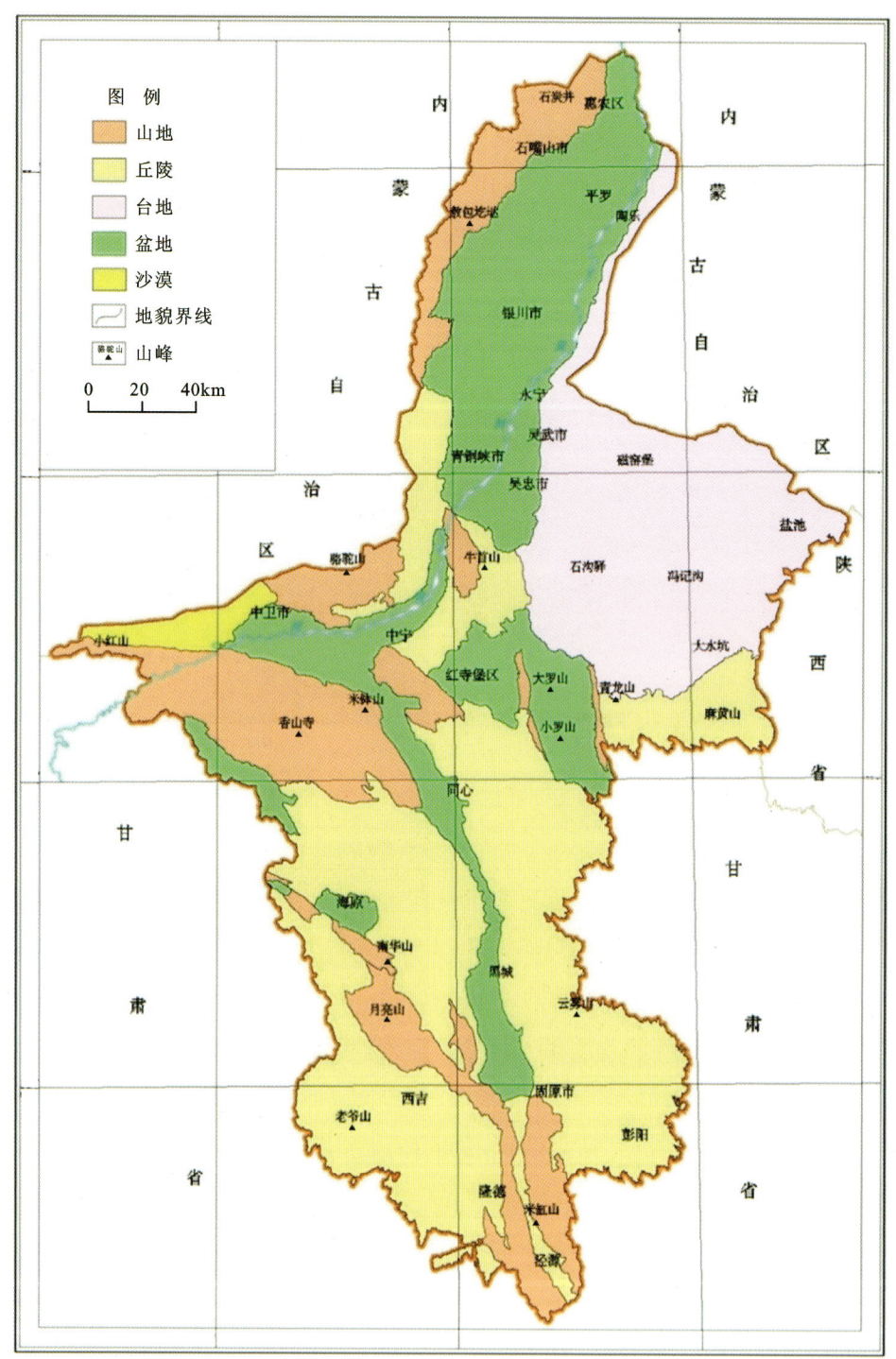

图 2.2-2　宁夏南部山区地貌类型

于沟谷向塬侵蚀,塬边多不规则,塬面和沟谷底部的相对高差为100~200m。黄土梁(图2.2-4)、峁在县内广泛分布,均系沟梁相间、波状起伏的梁、峁、丘陵地形。黄土梁呈长条状展布,梁顶较平缓,往往南坡和西坡较陡,坡度30°~60°,北坡和东坡较缓,坡度10°~20°。在一些两坡坡度悬殊较大的地方形成单面黄土梁。常见的黄土峁是圆顶状黄土梁被流水进一步切割形成的圆形山包,一般的黄土峁也具有南、西坡较陡而北、东坡缓的特征。黄土丘陵区沟谷发育,地面切沟平均每平方千米长3.05km,呈"V"字形。沟谷上游地带沟浅坡缓,沟头三面环梁,中间为低平洼地,形成掌、坪、杖地貌;沟谷中下游切割深,沟底多切入基岩。由于地下水潜蚀、地表水侧蚀,边坡地带常有滑坡发育。

图2.2-3 孟塬西边黄土塬

图2.2-4 彭阳北部草庙乡黄土梁

隆德县西部的广大区域均为黄土丘陵地貌区(图2.2-5),区内多为梁峁和沟侧塬台地貌,沟谷纵横密布,交叉切割,起伏浩瀚,继承了古地貌形态,基底为古近系—新近系红色泥岩,地层平缓。冲沟多呈深切的"V"字形沟谷,丘间沟谷多为深切箱形,沟谷多切穿基底,使得红色地层裸露,沟底冲积物很薄至无。

2. 土石质中低山区

西吉县最高点为月亮山主峰,海拔2632m,最低点为南端玉桥乡团庄、黄岔一带,海拔1630m。

彭阳县西部属典型的土石质中低山山地地貌(图2.2-6),主要包括古城、新集和川口乡,

图 2.2-5　隆德县黄土丘陵地貌

图 2.2-6　彭阳西部古城镇土石质中低山地貌

海拔在 1900～2100m 之间，相对高差 200～400m，山势起伏较缓，坡度一般 20°～30°。表层黄土覆盖，植被覆盖率高。基岩主要为灰色泥岩和砂岩，断裂、褶皱发育，致使基岩裸露地表，经长期风化剥蚀作用形成现今的残山丘陵地貌景观，顶部多呈圆顶状，坡面呈鳞片状，是泥石流灾害的多发区。

隆德县土石质中低山主体为六盘山山区，主峰米缸山海拔 2942m，位于泾源县、隆德县内，山势雄伟，巍峨挺拔，由白垩系坚硬的砂岩、泥岩、泥灰岩组成，总体为高角度单斜构造，倾角 15°～30°，绝对高程 2200～2942m，相对高差 500～800m。十几条沟谷横切山体，形成"V"字形狭窄沟谷，悬崖峭壁峙立，地形复杂，沟大谷深。

3. 红层丘陵区

红层丘陵区主要分布在西吉县和隆德县内（图 2.2-7）。其中，西吉县红层丘陵地貌主要分布在东部葫芦河以东区域，以峁梁丘陵为主，梁与河谷相间排列，相对高差不大。隆德县红层丘陵地貌分布在中部，形态多为单面山包，丘间发育宽缓冲沟，呈残山梁峁状丘陵。古近系—新近系红层绝对高程 2000～2400m，相对高差 100～300m，表面剥蚀风化强烈。

(a)西吉县　　　　　　　　　　　　(b)隆德县

图 2.2-7　西吉县和隆德县红层丘陵地貌

4. 河谷平原区

西吉县和泾源县的河谷平原地貌并不是冲洪积平原或黄土残坡,而是侵蚀堆积地貌。

彭阳县河谷平原分布在茹河、红河及西河两岸,表现为洪积冲积形成的河谷平原和残塬边坡(图 2.2-8)。河谷平原地势平坦,近一半可以进行灌溉种植农作物。河谷两侧有Ⅱ级阶地,阶地上部为残塬边坡,地形较破碎,次级冲沟发育。残塬边坡底部因雨水的冲刷切割,多形成 U 型冲沟,冲沟切割深度 10～50m,使残塬斜坡处于悬空状态,不利于坡体的稳定,易形成崩塌、滑坡灾害。

图 2.2-8　河谷平原及残塬边坡

隆德县河谷平原地貌由不同阶地、河漫滩及现代河床构成,是第四纪不同时期、不同规模流水作用的产物。岩性为第四系亚砂土、亚黏土层及砂砾石层,水平层理发育。区内河谷共有 3 级阶地,以Ⅱ级阶地分布最广。河谷川台地是县内主要的农林经济区,一般呈狭条状嵌于丘陵山地之间,地势平坦,坡降 2°～3°。县内共有 7 个主要川台地,渝河川面积最大,最宽处 1.5km,长 47km,坡降 2°。

2.3　地层岩性

工作区内出露的地层包括最老的中元古代海原群变质岩(Pt_2H)至第四纪全新世冲洪积

层,中间缺失三叠系、二叠系、石炭系、泥盆系、志留系、震旦系等地层。各区县地层出露情况不同(表 2.3-1)。

表 2.3-1 各区县地层出露情况一览表

地层	西吉县	彭阳县	隆德县
第四系	√	√	√
新近系	√	√	√
古近系	√	√	√
白垩系		√	
侏罗系		√	
三叠系			
二叠系			
石炭系			
泥盆系			
志留系			
奥陶系		√	
寒武系		√	
震旦系			
元古宇	√		

注:√表示出露。

西吉县地层区划位于秦祁昆地层区祁连-北秦岭地层分区海原-西吉地层小区,出露最老地层为中元古代海原群变质岩,局部出露加里东期花岗闪长岩体,六盘山群出露于县东北部,新生代地层分布广泛。

彭阳县出露的地层有寒武系、奥陶系、侏罗系、白垩系、古近系、新近系和第四系,前第四系零星出露于各大冲沟中,第四系广泛分布。

隆德县综合地层区划属华北地层大区秦祁昆地层区祁连-北秦岭地层分区,出露地层主要为下白垩统六盘山群及古近系始新统、渐新统、新近系上—中新统和第四系。

2.4 地质构造

工作区各县所处大地构造单元不同(图 2.4-1)。西吉县位于昆仑山秦岭北祁连褶皱区,以月亮山-什字大断裂为界可划分为两个 3 级构造单元。彭阳-王洼以西属鄂尔多斯西缘拗陷带,以东地区为鄂尔多斯台拗,属华北型地台沉积,各期构造运动在该区的构造变形极为微弱。隆德县处于陇西系六盘山旋回褶皱构造带与祁吕六盘山褶皱带的交界地带,东临鄂尔多斯地块,构造复杂。

第 2 章 工作区地质背景

图 2.4-1 宁夏南部山区地质构造纲要图

各县的主要断裂和褶皱及其主要特征见表 2.4-1 和表 2.4-2。

表 2.4-1　宁夏南部地区主要断裂特征表

区县	断裂名称	主要特征
西吉县	月亮山-什字断层	北北西走向逆断层,倾向 45°～70°,位于月亮山西麓,南北延伸出县外,第四纪以来活动较强烈,导致月亮山地形陡峻,现仍在活动,附近是崩塌、滑坡、泥石流灾害多发区
	田坪-党家岔断层	北北西走向隐伏断层,目前仍在活动
	杨庄-叶家河断层	北北西走向逆断层,倾向南西,倾角 45°～80°,导致山势陡立,沿断裂泥石流较发育
	上罗庄-偏城断层	呈北西向延伸,倾向北东,倾角 40°～70°,切割古近系,断距约 200m
	田坪-兴隆断层	隐伏断层,地貌为滥泥河和田坪东部的一条沟谷,形成于第四纪
	夏寨-兴隆断层	近南北走向隐伏断层,形成于第四纪初,断距小于 150m
	白崖断层组	由平行展布的呈南北向延伸的 4 条小断层组成,小断层间距较近,多为逆断层,沿断裂岩体破碎
彭阳县	王洼-沟口大断裂	南北向纵贯彭阳全县,北过王洼进入甘肃环县,南至沟口进入平凉市内,长达百余千米。东侧为中—新生界凹陷,西侧为古生界隆起——南北古脊梁,为逆断层,断面倾向西,倾角 70°
	银洞子沟断裂	过银洞沟煤矿东侧,呈南西 26°方向发育,断层面倾向北西,倾角 60°
	黄家河-店洼断裂	北延至河川乡黄家河以北,南经古城乡店洼至沟口乡,断层性质不明
	炭山-蒿店大断裂	北起固原双井乡石景彭阳,彭阳县内过川口乡张沟、古城乡中川、新集乡周庄进入泾源县内,纵贯南北,长达百余千米,东西宽 10～15km,由 1～6 条逆断层和正断层平行排列,断续相补构成。断裂带中的断层切割古近系、新近系,是工作区喜马拉雅运动形成的最大逆断层复合带
	彭阳-红河断裂	沿石岔、彭阳县城东、红河西呈南北向发育
隆德县	县城南东侧六盘山西麓陈靳-崇安断裂	自泾源县枇杷嘴向北延伸至陈靳乡一带,隐伏于古近系寺口子组,呈凹形延伸,断裂面东倾,倾角 58°,上升盘为白垩系,下降盘为古近系寺口子组
	十二湾-北山断裂	展布于县中部,呈舒缓的弧状,与东侧陈靳-崇安断裂近平行延伸。在桃山水库附近断裂迹象明显,有零星的寺口子组露头,向北延伸至县城向斜核部地段隐伏。在碾沟、笕麻湾一带,可见断面东倾,倾角 53°。县城一带上盘为白垩系,下盘为古近系

续表 2.4-1

区县	断裂名称	主要特征
隆德县	三里店-红崖王断裂	位于县城西侧,近南北向延伸,断面东倾,倾角45°。东侧上盘为白垩系,形成中山地貌,牵引揉皱现象明显,断裂带向南伸展呈现弓形
隆德县	观庄乡隐伏小型断裂	延伸长约5km,在周家沟至姚套一带有明显迹象。断裂面东倾,倾角58°~60°,上盘古近系—新近系呈舒缓向斜,断层破碎带有沿山坡分布的坍塌滑坡体

表 2.4-2 宁夏南部地区主要褶皱特征表

区县	褶皱名称	主要特征
西吉县	西峰岭白垩系背斜	发育于该县的北部地区,构造线多为北北西向,长10~30km,两翼地层为古近系和新近系,倾角10°~30°
西吉县	大沙河-沙岗子向斜	
西吉县	平峰-北峡口古近纪背斜	
西吉县	偏城-卜家庄向斜	
彭阳县	河川-新集向斜	南北向展布,为古近系、新近系、下白垩统构成的向斜构造
彭阳县	谢家寨背斜	位于新集乡的谢家寨南北一线,为下白垩统乃家河组构成的背斜构造
彭阳县	罗洼-沟口隆起	包括罗洼、交岔、沟口地区,东西两侧分别以基底断裂为界,自北向南逐渐倾伏。下伏基岩主要由中元古界长城系黄旗口群、蓟县系王全口群,下古生界寒武系、奥陶系碳酸盐岩构成,罗洼以北上覆甘肃群,以南大部分地区被中生界下白垩统泾川组、罗汉洞组及甘肃群所覆盖。该隆起又称南北古脊梁
隆德县	六盘山大沟子-牛角尖背斜	处于六盘山主峰地段,为轴向近南北延伸的大背斜。在县内仅出露西翼,地层为白垩系,东西两侧均有古近系出露。背斜西翼缓、东翼陡,西翼倾角在20°~35°之间,古近系与白垩系呈平行不整合接触。在山河镇一带,出现相互平行的羽状排列褶皱
隆德县	观庄弧状向斜构造	在县城以北,向斜轴向为北西-南东,核部为古近系,北端开阔,南端狭窄,最东侧被断裂切割。西翼倾角10°~15°,东翼倾角20°~35°

2.5 新构造运动与地震

1. 地震

宁夏南部地区有南华山、西华山北麓-六盘山东麓大断裂通过,是青藏高原东北边缘地区最重要的一条第四纪左旋走滑断层带,规模大、下切深,使前期形成的深大断裂活化,具延伸增长、走滑规模大、总位移幅度大等特征。该断裂切割古生代以来的所有地块,近期活动一直很强烈,因而地震频率高,破坏性大,有不同规模的地震生成(图2.5-1、图2.5-2)。周边各区县的地震主要受此断裂的影响,历史上超过5级的地震共有30次,其中1920年12月16日,震中在海原县园河,8.5级地震烈度大,破坏性强,影响范围最广,破坏程度之大在本世纪我国乃至全球范围内少见。

尽管宁夏南部总体受南、西华山北麓-六盘山东麓构造断裂的影响,但距离不同、构造单元不同的区域地震发生情况也有所不同。

西吉县地震动峰值加速度对应的地震烈度为Ⅹ度地震烈度区。自1920年至今,震级5级、烈度6度以上的地震发生过5次,其中影响最大的地震当属震惊世界的1920年海原8.5级大地震,除了地动山摇,造成巨大的人员伤亡和财产损失外,该次大地震还在县西南部形成了大量滑坡、堰塞湖,成为当地独特的重力地貌景观,其面积约占全县总面积的30%。滑坡堵塞沟谷,阻断河流,形成众多堰塞湖,其中最著名的为震湖——党家岔。最近的一次较大地震是发生在1970年12月3日的苏堡5.5级地震(表2.5-1),该地震影响县西南5个乡,地表变形明显,不但使一些老滑坡复活,还产生了一些新滑坡。地震除使县内形成了大量的滑坡外,还导致许多地区的岩土体结构遭受破坏而变得松散,抗风化能力减弱,成为崩塌、滑坡、泥石流多发、频发的重要诱因,该区地质灾害隐患绝大多数都与地震有关。

彭阳县属鄂尔多斯西缘拗陷带和鄂尔多斯台拗两个二级构造单元,为构造相对稳定区,县内大部分地区地震烈度小于8度。1910年后曾发生地震5次,其中5级以上地震2次,导致房屋倒塌,危害严重。1949年以后,彭阳县仅发生地震一次,造成1人遇难,2人受伤。2008年5月12日汶川地震对彭阳县的影响很小,震后未见滑坡、崩塌等发生,只有个别地区的民窑出现轻微裂缝,未造成人员伤亡事故。

隆德县属六盘山地震带、海原地震小区,周围的海原、固原、西吉和泾源等地区地震频繁。4级以上地震震中虽未在隆德县,但地震波及隆德,尤其是海原大地震造成该县21 700人遇难,并形成众多的堰塞湖,诱发的滑坡有些目前仍在活动。

第 2 章 工作区地质背景

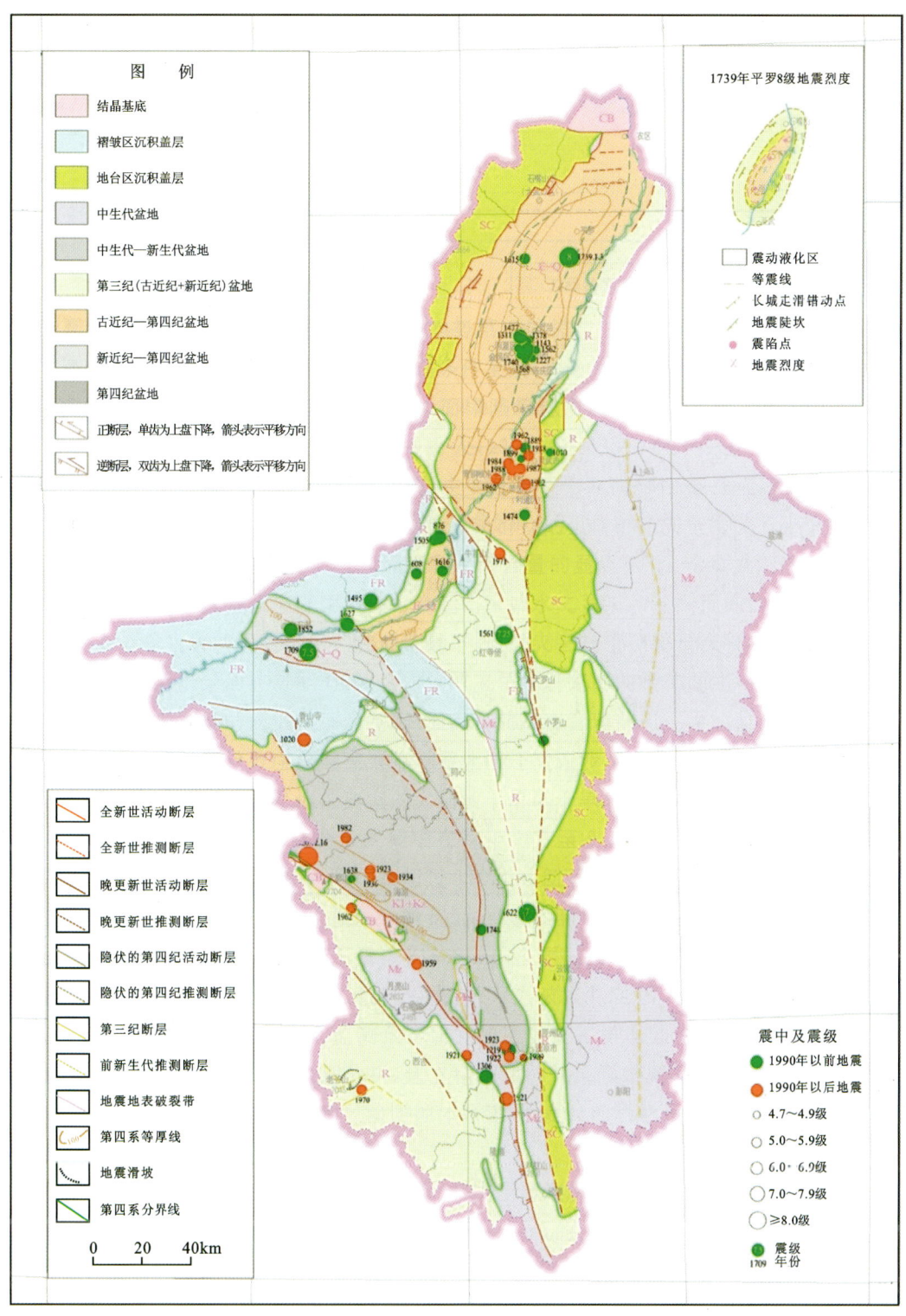

图 2.5-1 宁夏南部山区地震烈度及大于 5 级地震震中分布图

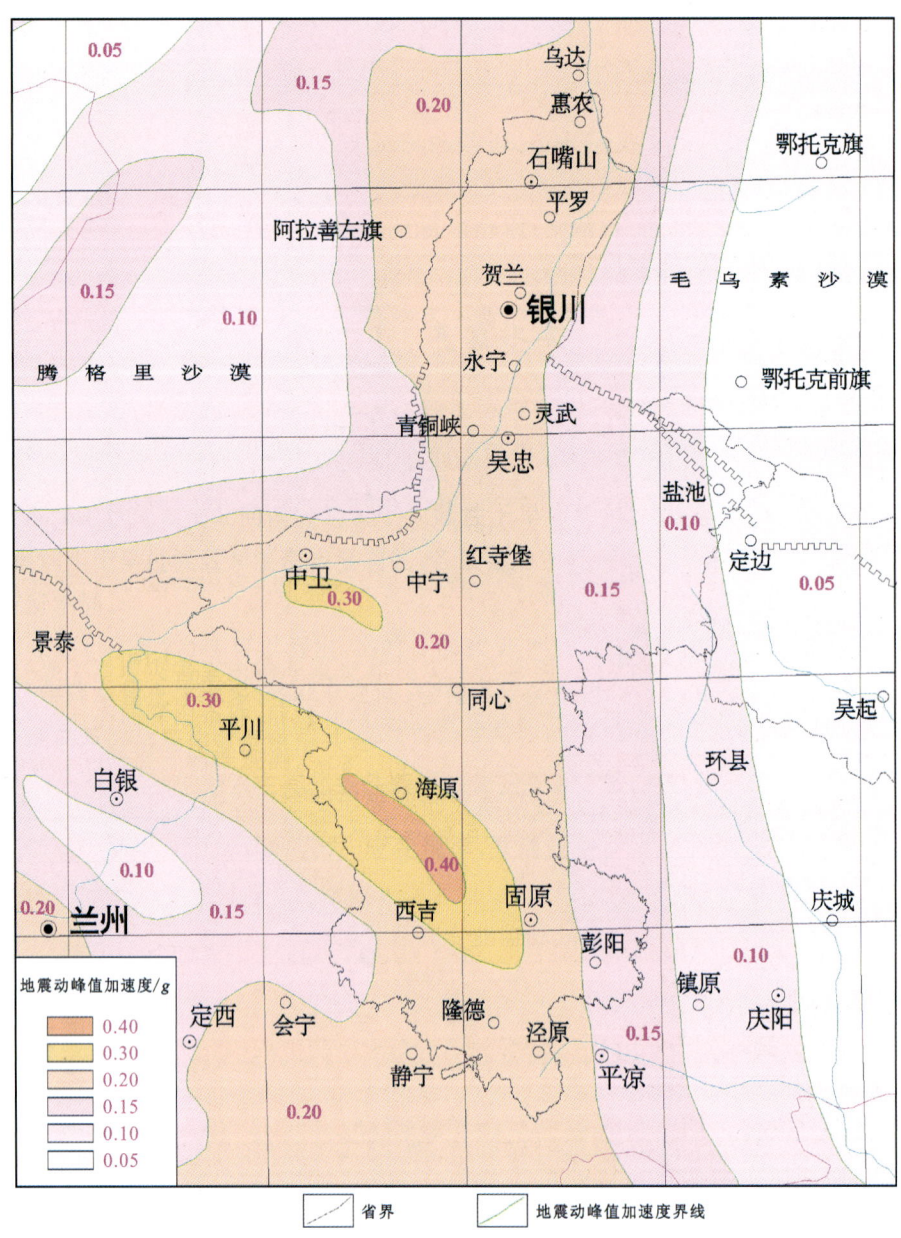

图 2.5-2　宁夏地震动峰值加速度区划图

表 2.5-1　工作区县地震情况简表

区县名称	发震日期	震中	地震情况	震级/级	烈度/度	备注
西吉县	1219年4月8日	偏城		6.5	9	
	1748年11月21日			5.5		数十间房窑坍塌，40余人遇难
	1920年12月16日	海原		8.5	10	损失惨重
	1923年9月21日			5	6	损失大
	1959年1月31日	白城	震动强烈	5	6	
	1962年10月9日	海原李俊	墙裂	5	6	
	1970年12月3日	苏堡芦子岔	水堰两岸滑坡东西坡向对岸垂直下滑50～80m	5.5	7	117人遇难，损失严重

2. 新构造活动

受地质构造控制，工作区各区县的新构造运动略有差异，具体表现如下：

(1) 西吉县受来自西南方向喜马拉雅运动的强烈挤压，构造线呈北西向延伸，地壳抬升形成山地，断盘左旋走滑，诱发新构造，且地壳节奏性振荡上升引起沟谷强烈下切，侵蚀堆积阶地发育，滑坡发育的地貌条件加速形成，为地质灾害的形成提供了客观条件。

(2) 以南北古脊梁为界，彭阳县新构造运动东西差别较大，东部表现为缓慢抬起，西部则活动强烈。东部地区沟谷强烈下切，尤以小岔、冯庄一带沟谷最为明显，沟谷切入基岩达100m以上，几乎没有第四系堆积，茹河在城阳以东，红河在与甘肃交接区以东，河谷虽开阔，并有厚度大于20m的第四系构成Ⅱ级阶地，但河床切入基岩形成新的峡谷跌水。西部地区在断裂通过处，岩层产状急剧变陡或近似直立，在断裂带附近有频繁的小震级地震活动。

(3) 隆德县县城南东侧六盘山西麓陈靳-崇安断裂切割了古近系，局部第四系也有断层出现，说明该断裂挽近时期以来活动形迹明显、强烈。

2.6　水文地质

根据地下水赋存条件、含水介质及水力特征，工作区3县地下水划分为松散岩类孔隙水、碎屑岩类孔隙裂隙水、碳酸盐岩类水和基岩裂隙水4种基本类型(图2.6-1)，4类地下水在各县的赋存条件、特征以及补给、径流和排泄条件稍有不同，具体情况见表2.6-1。

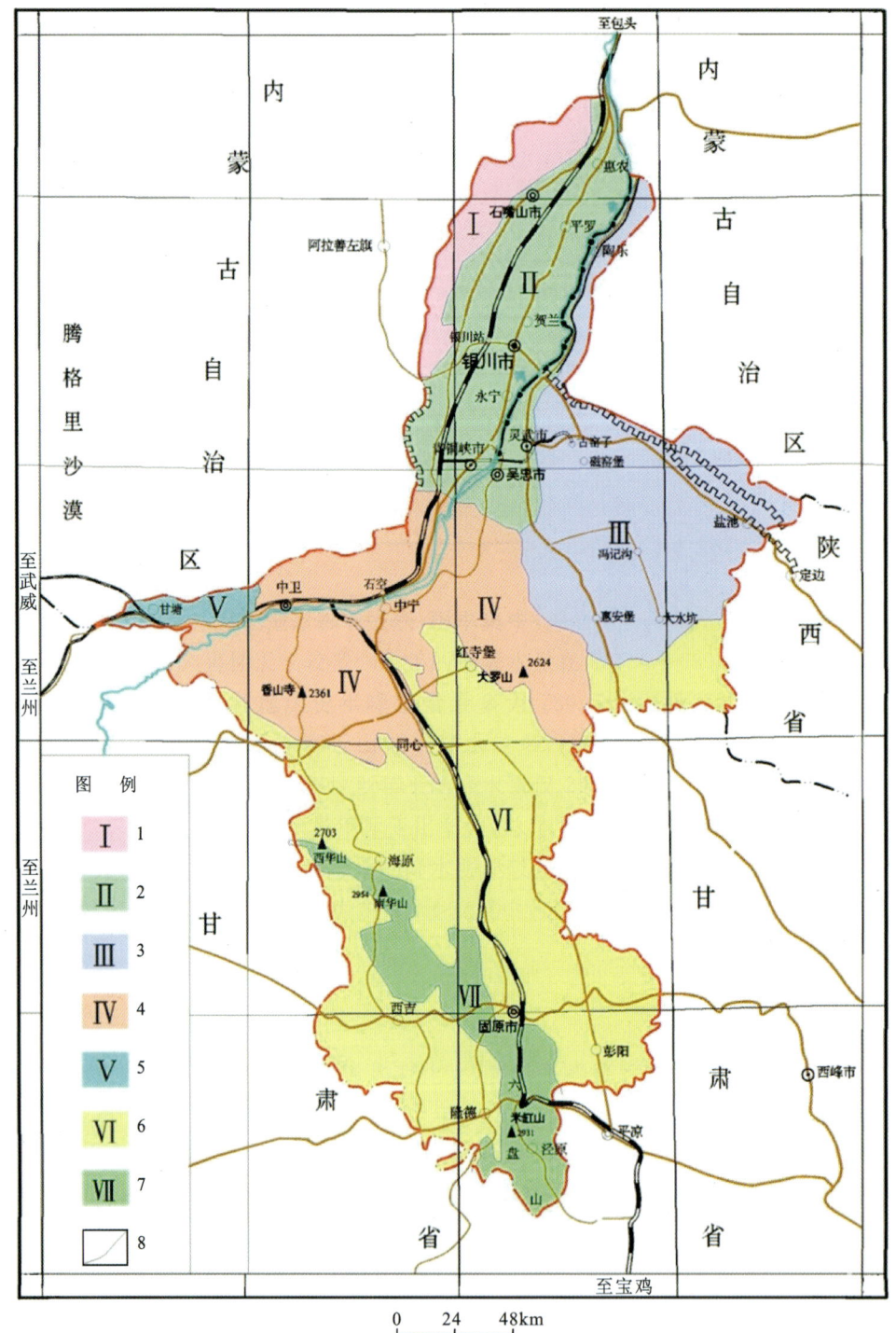

图 2.6-1　工作区地下水分布图
1.贺兰山水文地质区；2.银川平原水文地质区；3.陶灵盐台地水文地质区；
4.宁中山地及山间平原水文地质区；5.腾格里沙漠水文地质区；6.宁南黄土丘陵水文地质区；
7.宁南山地基岩水文地质区；8.水文地质分区界线

第 2 章 工作区地质背景

表 2.6-1　工作区水文地质条件简表

区县名称		地下水类型			
		松散岩类孔隙水	碎屑岩类孔隙裂隙水	碳酸盐岩类水	基岩裂隙水
西吉县	赋存与否	√	√	×	√
	赋存条件与特征	黄土墹间洼地、沟脑掌形地、沟侧黄土坪、黄土缓坡及山间沟谷中	古近系砂砾岩孔隙、白垩系砂岩、泥岩层间		基岩风化裂隙中
	补径排条件	黄土丘陵大气降水垂直入渗补给、第四系砂砾石地表洪流补给,多以下降泉形式排泄,最终转化为地表径流			
彭阳县	赋存与否	√	√	√	√
	赋存条件与特征	茹河、红河等河谷阶地区冲洪积层砂砾卵石孔隙中	古近系、新近系砂砾类分布的丘陵区	南北古脊梁一线灰岩岩溶、裂隙中	西部白垩系构成的中低山区
	补径排条件	斜坡上大气降水垂直入渗补给,降水沿着黄土节理裂隙迅速下渗,在下伏的泥岩顶面受阻后会继续沿着泥岩顶面向下渗流,最终于沟底以下降泉的形式排出			
隆德县	赋存与否	√	√	×	√
	赋存条件与特征	第四系黄土类土、砂砾石孔隙中	各河谷阶地和河漫滩及较大沟谷中		白垩系含水岩组中
	补径排条件	黄土丘陵大气降水垂直入渗补给、第四系砂砾石地表洪流补给,多以下降泉形式排泄,最终转化为地表径流			

注:√表示赋存,×表示不赋存。

2.7 人类工程活动

人类工程活动是地质灾害发展的重要诱因,包括修路、修建水库和水渠、建设输油输气管道,开矿、挖砂等采掘活动,切坡建房、挖窑及人工垦植等,这些活动改变了地表的环境状态和应力条件,引发了一系列的崩塌、滑坡、地面塌陷等灾害。近年来人们逐渐意识到生态环境的重要性,一系列退耕还林及生态修复的举措大力实施改善了当地生态环境。

2.7.1 切坡建房

工作区大部分地区地形十分破碎,平地有限,除西吉县因地震使得土体松散、强度降低而无法建窑外,其他区县居民在 20 世纪七八十年代往往有削坡取土建房、挖窑的习惯,人为依山建房、依坡挖窑形成的陡坡极大地破坏了斜坡的稳定性,无形中给崩塌、滑坡的形成创造了条件,威胁着人们的生命和财产安全(图 2.7-1、图 2.7-2)。

图 2.7-1　切坡建窑、建房

图 2.7-2　切坡建房引发崩塌(镜向 294°)

2.7.2　水力侵蚀

黄土冲沟的溯源侵蚀和沟岸崩塌每年以数十米的速度推进,直接威胁沟岸上部村民的居住环境。而且,随着时间的推移,沟谷被冲蚀变得狭窄,废弃建筑物、生活垃圾等日渐增多,严重阻碍沟道行洪,一旦发生暴雨,还有可能发生泥石流灾害。此外,各县修建了多座水库,水库的存在导致坡脚或坡体软化,诱发斜坡失稳(图 2.7-3、图 2.7-4)。

图 2.7-3　库水侵蚀坡脚

图 2.7-4　库水浸润坡岸

2.7.3　修建公路

"公路通,百业兴"。近几年各乡都通上了柏油路,交通带来便利的同时,也带来了公路高危边坡的隐患。由于公路建设和不合理切坡,沿线的边坡地带已形成了潜在不稳定斜坡和崩塌,成为地质灾害的易发区,威胁过路车辆和行人的安全(图 2.7-5～图 2.7-8)。

图 2.7-5 公路削坡(镜向 170°)

图 2.7-6 公路削坡(镜向 20°)

图 2.7-7 公路边坡滑塌(镜向 169°)

图 2.7-8 公路边坡崩塌(镜向 356°)

第3章　典型黄土滑坡工程地质特征及稳定性评价

结合宁夏南部地区地质灾害的分布规律和特征，选取典型滑坡地质灾害（隐患）作为研究对象，进行滑坡专项调查。此次调查借助钻探和井探，查明了地质灾害形成的地质环境条件、坡体覆盖物的厚度、物质组成和形态以及现状地质灾害发育情况与特征，通过三维建模的方式展示了典型灾害点及其周边未失稳斜坡的坡体地质结构，并在此基础上分析了地质灾害的形成机制及诱发因素、变形破坏现状和危害程度，评价了地质灾害的稳定性、危险性以及演化发展趋势，并提出了防治措施。

本研究结合后续现场降雨入渗试验的要求，综合考虑临时征地、水、电等因素，最终在西吉县、隆德县、彭阳县各选择1处滑坡进行调查研究，具体位置见图3-1。

图3-1　工作区勘查点位分布图

第 3 章　典型黄土滑坡工程地质特征及稳定性评价

3.1　滑坡工程地质调查与三维建模方法

3.1.1　滑坡工程地质调查与勘探

根据已确定的工作思路和技术路线,在实际滑坡调查中应注重已有资料的收集整理,尽量全面收集和分析出现过变形的涉水滑坡的勘查、设计、监测等相关资料。工程地质调查中,采用以滑坡为单元、以线路调查为基础的调查方法。通过对以往资料进行分析,合理地选择具有代表性、露头良好、交通相对便利的地段布置调查路线,查明各类滑坡的微地形特征、地质结构、变形特征及历史,并详细地做好记录和拍照工作。此外,采用钻探、开挖和高精度地球物理勘探等多种勘探方法,详尽、深入地了解地下地质情况,通过揭露地下地质情况对以往资料进行修订和补充,为滑坡地质建模、稳定性评价、形成和演化机理分析提供原始地质资料。

此次研究的技术指标、质量要求执行国家或行业标准及中国地质调查局相关规范,包括《岩土工程勘察规范》(GB 50021—2009)、《滑坡防治工程勘查规范》(DZ/T 0218—2006)、《崩塌、滑坡、泥石流监测规范(试行)》(DZ/T 0221—2006)等。其中,工程地质调查、剖面测量、工程地质测绘、钻探勘查、试验测试、监测等工作方法要求如下。

1. 工程地质调查

调查工作严格按照《岩土工程勘察规范》(GB 50021—2009)、《滑坡防治工程勘查规范》(DZ/T 0218—2006)要求,分别对滑坡进行现场调查、地形图测量及工程地质平面测绘。采用以滑坡为单元、以线路调查为基础的调查方法,合理地选择具有代表性、交通相对便利的地段布置调查路线;严格按照规范要求,所提交的原始资料齐全,数据准确无误,资料翔实可靠,经野外质量检查,合格率为100%,满足野外数据采集要求。同时,将野外获取的原始数据或资料电子化并备份,储存在专门的野外原始调查资料数据库中。

2. 剖面测量和工程地质测绘

地质剖面测量采用 GPS、激光测距仪、皮尺等工具进行,完成 1∶1000 工程地质剖面测量总长 6km,并根据实际需要增加 1∶2000 剖面长度,满足设计要求的 6km 剖面测量工作量,并满足剖面精度和总体设计要求。

工程地质测绘点定位采用 GPS、测距仪、地质罗盘和皮尺配合的仪器法,定位精度达 1~3m(定位误差小于 10m)。

3. 钻探勘查

根据滑坡体的形态特征,结合地形特点,工程地质钻孔均设计为直孔,开孔口径均为 130mm,终孔口径均为 91mm。施工采用干钻钻进工艺。根据钻孔施工验收指标,钻探工程验收一类孔率为100%。钻探工程岩芯采取率不低于80%,应为83%~100%,岩芯采取率满足规范要求。对于采取的岩芯,按照从上到下的次序装箱,按照回次填放岩芯标签,并在现场同步进行钻孔编录和拍照,岩芯描述详细完整,能准确反映地层结构,拍摄的照片及时整理并备份至原始地质资料数据库。取样均匀,不同深度、不同岩性均有取样(图3.1-1)。

钻进过程中使用氢氟酸与玻璃试管进行测斜,终孔时均测量钻孔弯曲度。测得钻孔弯曲度顶角之差最大为2°,最小为0.5°,达到直孔孔斜不超过2°的要求。每孔终孔时,用校正过的钢尺丈量钻具,孔深校正误差最大为0.08m,最小为0m,均在误差容许的范围内。钻机机台每班指定专人填写原始班报表,记录真实、准确,终孔后由机长、地质人员签字同意后将班报表装订成册,10个工程地质钻孔均满足规范要求。

图3.1-1 滑坡钻探勘查现场照片

3.1.2 建模软件介绍及关键技术分析

1. 空间插值计算分析

在三维地质模型构建过程中,为提高构造模型的精度,对于数据点稀少不均的地区可以部分已知点插值估算其他未知点的属性信息。目前常用的插值方法有反距离权重插值法、克里金插值算法、离散光滑插值法等。

(1)反距离权重插值算法。是一种精确、简便、高效的插值方法,根据未知点受已知点距离远近的影响大小进行插值,即根据两点某些属性的相似性与两点之间距离有关,距离未知点越远的样本,所赋予的权重越小,距离未知点越近的样本所赋予的权重越大。因此,若已知样本点分布均匀会取得较好的插值效果,反之,可能表达出与结果相差很大的表面。反距离权重插值的所有预测值介于已知最大值和最小值之间。

(2)克里金插值算法。假定采样点之间的距离或方向可以反映用于说明表面变化的空间相关性,将数学函数与指定数量的点或指定半径内所有点进行拟合以确定每个位置的输出值,其关键在于确定权重系数。插值主要过程有数据的探索性统计分析、变异函数建模和创建表面以及研究方差表面。一般来说,在对有限个点进行插值时,克里金插值要比反距离权重插值精确。该方法通常在土壤科学和地质学中应用,一般分为普通克里金插值算法和泛克里金插值算法两种。普通克里金插值算法是使用最广泛的克里金插值算法,该方法重点考虑空间相关因素,假定恒定且未知的平均值,用拟合的半变异直接进行插值。泛克里金插值算法假定数据中存在覆盖趋势,除了样本点之间的相关性,空间变量还与漂移和倾向有关,算法是在趋势删除的残差上进行,估算的预测值相对于普通克里金插值算法来说可靠度较低。

(3)离散光滑插值法。是 GOCAD 的核心插值方法,它的基本思想是在各个离散化数据点间建立相互联系的网络以实现对目标体的离散化,与解微分方程的有限元方法相似,是用一系列拥有物体几何以及物理特性的相互连接的节点来构建地质体模型。该方法不以空间坐标为参数,仅依靠网格结点的拓扑关系,是不受维数限制的一种插值方法。用离散光滑插值法进行几何和物性特征的模拟,一些已知的节点以及地质学当中部分典型信息会被转化成线性约束,以此引入到模型生成的全过程当中。离散光滑插值法能使优化后的网格与原始网格模型几何细节特征相一致,通过离散控制点加以约束极大地提高网格质量,优化可视化的效果。此方法特点如下:不必知道图形位数就可以用相同软件插值曲线、曲面、体的几何特征和特性;能处理不连续性问题以及各向异性问题;递归算法收敛很快,且约束条件越多收敛得越快。

2. SKUA-GOCAD 建模软件

GOCAD 是以工作流程为核心的新一代地质建模软件,其所具有的真三维化处于业内最先进储层地质建模技术领先地位,能得到更为可靠的多学科综合储层预测结果。Paradigm 公司根据当前建模软件存在的问题在 GOCAD 基础上开发了新一代勘探开发一体化建模软件 SKUA。SKUA 构造和地层学工作流是一个结构化的过程,地层结构(structureand stratigraphy)和流动模拟网络(flow simulation grid)功能与 GOCAD 的构造建模(structual modeling)和三维储层栅格结构工作流(3D reservoir grid building work flows)基本相同。通过工作流,该软件能够从解译数据中建立地质和储层模型,且 SKUA 工作流完全重新定义了建模机制,极大地减少了建模时间,并提高了易用性。自 2013 年起,GOCAD 和 SKUA 中的项目都可以加载到 SKUA-GOCAD 的应用程序中,即 SKUA 和 GOCAD 工作流可以共享。虽然 SKUA 使用的是原始的 GOCAD 基础设施,但它提供了一种基于体的建模方法以及一种数学上严格的地下表示。GOCAD 三维地质建模主要包括两类:一类是构造建模;另一类是三维储存栅格结构建模。

(1)构造建模(structural modeling)。通过等高线数据、钻孔数据等建立地质体的岩层面、断层面、钻井轨迹等,模拟出他们的空间形态、位置和拓扑关系。

(2)三维储层栅格结构建模(3D reservoir grid construction)。在构造建模的基础上,建立地质体的三维模型。其次,地质体根据岩层中岩石类别的不同,如同时存在岩层的尖灭、断裂等情况,可以通过对单元节点赋予不同的孔隙度、渗透率等属性值建立三维地质体的物性参数模型。当采样数据多且分布均匀时,可以直接建立采样值到应用模型的映射关系把对采样值的处理转化为对物性参数的处理,这样可以充分利用计算机存储量大、计算速度快的优势。当采样值散乱分布且数据量有限时,需要采用拟合方法拟合出连续的数据分布,充分利用由采样值所隐含的数据场内部联系,精确地模拟模型属性场的分布。

3. 三维地质建模关键技术分析

利用地形、钻孔、探井以及影像数据进行三维地质建模,揭示滑坡所在斜坡的地质结构。通过点剖分插值成连续曲面,形成不同的层位,其关键技术就是三角剖分。

三角剖分(Delaunay)是一种将空间散点集划分成不均匀三角形网格的面剖分方法,是对二维三角化和三维四面体化的统称。该方法具有适应性好、存储效率高、便于修改、数据结构简单等特点,在图形计算中有着广泛的应用。三角剖分算法的核心理论是尽可能用等边三角形构建三角网格,以尽可能避免形成过瘦三角形。它具有两个重要特性:①最大最小角特性。在给定散点集中能形成的三角剖分,三角剖分算法获取的三角形最小角最大,使其在二维情况下避免生成最小内角的长薄单元,这特别适用于网格的形成。②最大空外接圆特性。三角网是唯一的(任意4点不可共圆),每个三角形单元或四面体单元的外接圆/球,不包含其他三角形的任意一个端点。

GOCAD可凭借优越的点、线、面编辑功能以及全三维的操作界面,可较容易地生成带有地质约束条件的网格。三角剖分可分为二维剖分、二维约束剖分、三维剖分、三维约束剖分。三维的四面体化是二维三角化向三维空间的扩展,且三维算法的基本原理与二维算法也非常相似,但编制起来更为复杂。三维算法基本分为以下三大类:

(1)分治算法。应用于生成Delaunay三角网,递归分割点集直至子集中的点数满足构成三角形的条件,然后逐级合并生成三角网。

(2)三角网生长法。一般是先找到距离最短的两个点使其可连接成一条Delaunay边,然后参照输入参数构建三角网格。

(3)Delaunay三角网判别法。找包含该条边的Delaunay三角形另一个端点,依次处理新生成的所有边,直到最后全部完成。

4. 三维地质建模方法与流程

本次三维地质模型利用GOCAD软件进行构建。通过点、线、面以及实体单元4种要素构建形成的三维可视化立体模型能够精细化反应勘查区地质结构,主要包括数据分析、插值方法选择和地质体模型构建等步骤。

1)数据分析

三维地质体岩层的建模是通过钻孔数据和测井数据插值拟合得到的。前期地质勘探采集的钻孔数据、测井数据越多,分布区域越大且越均匀,所建立的地层面就越接近真实地层,得到的地质模型精度就越高。因此,根据钻孔、测井的分布范围密集程度就可以大致确定地层空间展布。

当然,仅仅根据离散分布的钻孔和测井数据建立的三维模型是不够真实的,钻探成本高、花费大且钻孔数量有限,通常只是将离散的钻孔数据作为岩层的控制点。要建立精确的三维地质模型,还需要按照地质剖面图控制,首先将地质剖面图矢量化生成 ASCII 文件,然后导入 GOCAD 中形成三维地质剖面,这样根据地质剖面提供的地层起伏、尖灭、断裂等信息对研究区进行三维建模可以得到更加真实的地质体模型。

由钻孔、测井取样得到的饱和容重、孔隙度、压缩模量、压缩系数等地质参数具有随机性和结构性。随机性指参数在特定点上取值不确定,但参数总体取值服从一定的概率分布规律,结构性指参数在空间分布上是确定的、有规律的。建立不同特性的参数模型时,要对所选用的参数进行地学类统计分析,建立更加合理的地质模型。

2)插值方法选择

离散光滑插值根据离散点建立各个岩层的曲面,并与三维地质剖面进行对照,提取出剖面与曲面相异处的点作为控制点,通过离散光滑插值拟合曲面使建立的模型曲面符合实际数据,可提高精确度。

空间数据的内插是 CAD 和 GIS 软件的基本功能。但这两种软件使用的数据内插算法不适用于地质构造的数据内插。CAD 系统的数据插值目标是建立光滑的曲线或曲面,而不考虑空间对象自身的属性特征以及这些属性与空间几何形态之间的关联,且仅适用于二维空间对象的插值,无法满足三维空间的插值要求。GIS 系统的插值算法适用于连续表面的插值,对空间不连续现象的支持不足。

对于三维地质建模,传统的插值算法还不能满足人们的需要,要想得到更加逼真的三维地质模型就必须对插值计算进行改进,于是一些学者提出采用离散光滑插值算法来建立地质三维模型。离散光滑插值算法是通过空间实体几何和物理特性、相互连接的空间坐标点来模拟地质体,过程为将已知节点的空间信息和属性信息转化为线形约束,根据这些约束条件来建立模型。因此,离散光滑插值算法适合建立自然物体模型。离散光滑插值技术的基本内容是对一个离散化的自然体模型建立相互联系的网络,如果网络上的某点值满足某种约束条件,则未知节点上的值可以通过求解一个线性方程得到。

3)地质体模型建立

由已建立的岩层曲面,在 GOCAD 的工作流模块中建立地质体的相关层面结构模型。根据建立的层面结构模型生成体模型(SGRID),输入参数建立物性模型(图 3.1-2～图 3.1-4)。

GOCAD 三维地质建模软件以离散光滑插值技术建立面模型,根据能反应地质体形状的勘探数据建立一种地质体网格的模型。地质体网格由边界网格和内部网格单元集构成,根据地质体边界定义边界网格,内部组成由内部网格单构成,用来进行面向对象的随机模拟。

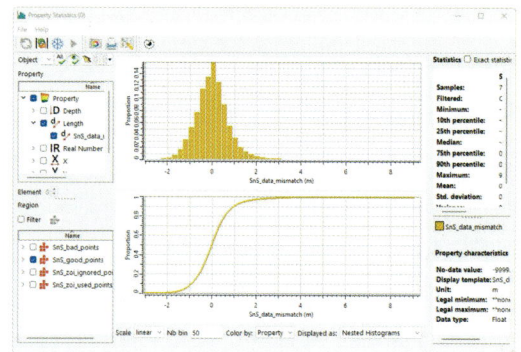

图 3.1-2 岩性地质体建模页面展示

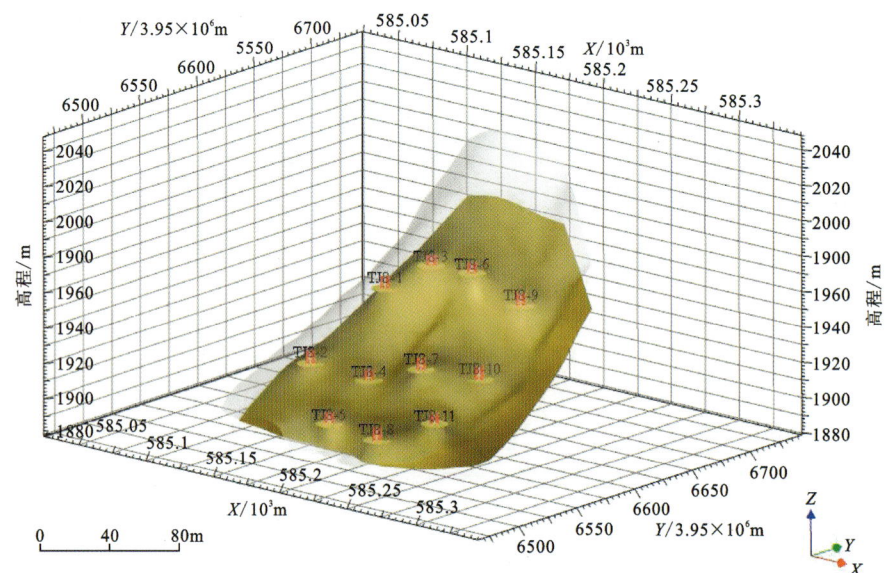

图 3.1-3 层面模型示意图

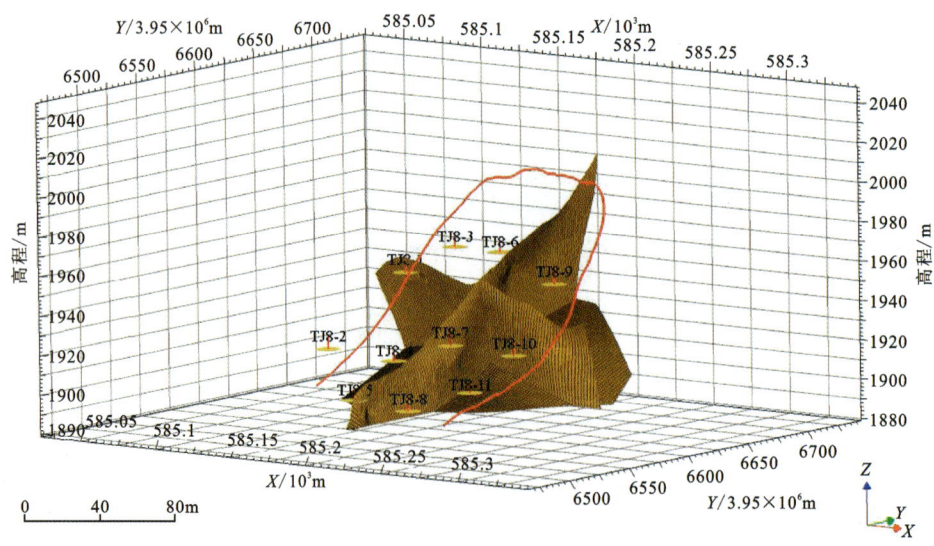

图 3.1-4 体模型剖分示意图

3.2 典型地质灾害体调查概况

3.2.1 南湾组滑坡

1. 滑坡概况

西吉县硝河乡新庄村南湾组滑坡为西吉县在册地质灾害隐患点,统一编号640422010857,地理坐标为 E105°40′33.6″,N35°59′52.8″。南湾组滑坡为黄土-基岩层间滑坡,滑坡高程 1903~2058m,高差约 155m,总体坡度 10°~22°,斜坡主轴长约 710m,宽约 373m,方量 $233×10^4 m^3$。根据已有资料,对该区域进行地球物理勘探和钻孔揭露,发现地层为上覆黄土,下部为褐红色泥岩和灰绿色泥岩,滑体厚度 6~14m,滑向 305°,目前滑坡体上人员、房屋均已搬迁,滑坡主要威胁耕地,威胁财产约 3 万元。

2. 三维模型建立

1)滑体

南湾组滑坡物质组成主要为黄土(Qp_3^{eol})。滑体部分黄土以粉粒为主,可见针孔,大孔,局部含少量钙质。滑体土土质粉性强,黏性不足,抗冲刷性能差,土体冲沟、落水洞发育,垂直方向透水性较好。

滑坡上部为褐黄色黄土,干-稍湿,松散-密实,主要成分以粉粒为主,黏粒次之,土质均匀,可见针孔、大孔,局部含少量钙质,岩芯遇水呈土柱状,干时呈散状。下层为褐黄色黏质黄土,稍湿,硬塑。主要成分以黏粒为主,粉粒次之,局部含少量砂砾,呈次棱角状,硬质物含量约占 50%,切面稍失光泽,土质较均匀,岩芯呈土柱状。

滑坡中部以碎裂状泥岩为主,灰黄色至褐红色,成分以黄土、碎裂状泥岩为主,排列混乱,结构松散,遇水软化,受力分解,为黄土层与泥岩接触带。

滑坡下部以泥岩为主,褐红色,强风化,结构大部分破坏,有残余结构强度,成分以黏土矿物为主,含非黏土矿物,遇水软化,受力分解,岩芯较破碎,多呈碎块状,局部呈短柱状(图 3.2-1、图 3.2-2)。

2)滑动面

滑坡是西吉县内非常发育的地质灾害类型,主要为黄土滑坡。大多分布在黄土梁边或黄土残塬塬边,可分为层内滑坡和接触面滑坡。南湾组滑坡整体基本稳定,由钻孔数据可知,该滑坡属土岩接触滑坡。

根据现场调查,目前南湾组滑坡塬坡坡度为 22°~30°,坡体表面为耕地。目前南湾组滑坡在天然状态下基本稳定,在暴雨、地震等工况下,有滑塌的可能。

3. 滑坡特征

根据本次勘查,地形条件、软弱黄土层、不利于斜坡体稳定的坡体结构是该滑坡发生的基本条件,降雨和人类工程活动是滑坡的诱发因素。

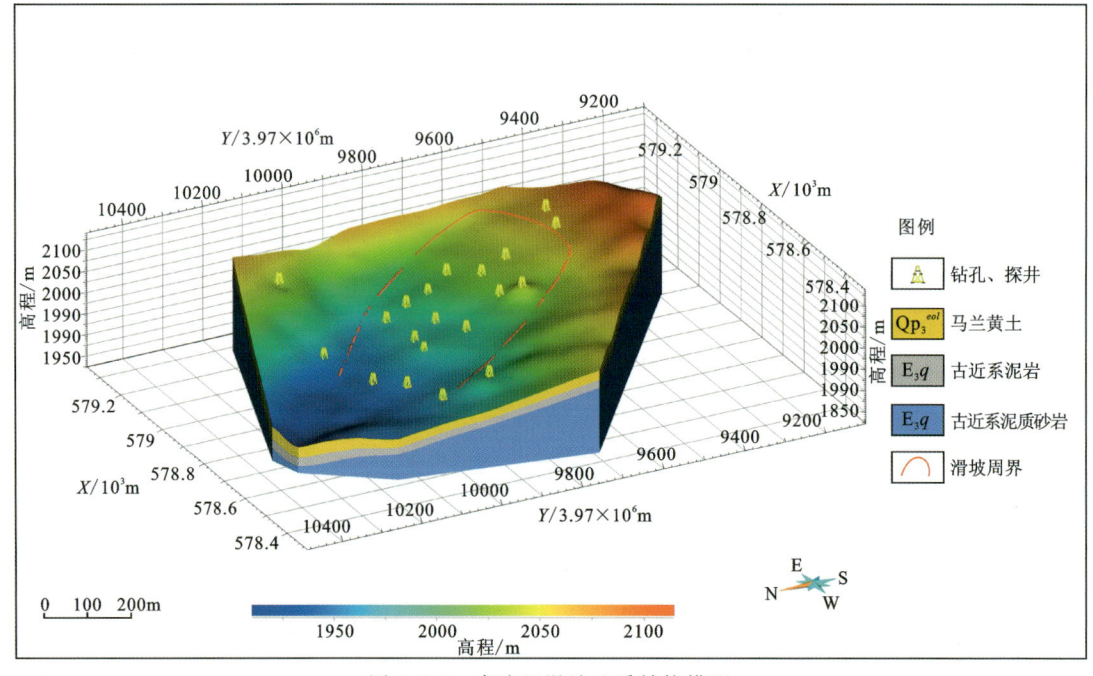

图 3.2-1 南湾组滑坡地质结构模型

图 3.2-2 南湾组滑坡三维实景模型

(1)地形地貌。南湾组滑坡所处斜坡总体坡度介于 10°～22°,坡顶与坡脚高差约 155m。边坡后缘地形较缓,降水时汇水面积大,局部地形易使地表水汇集,坡体因此变形破坏(图 3.2-3)。

(2)地层岩性。根据区域资料及本次现场钻探,勘查区出露地层主要有第四系全新统(Qh)黄土状粉土,第四系全新统滑坡堆积物(Qh^{del})碎裂状泥岩(滑坡堆积物),古近系清水营组(E_3q)泥质砂岩、泥岩。地层按照由新到老的顺序叙述如下。

图 3.2-3　南湾组滑坡形态特征

第四系全新统（Qh）黄土状粉土，褐黄色，稍湿，松散，可塑，成分以粉粒物为主，黏粒物次之，局部偶见腐殖质，摇振反应中等，土质较均匀，刀切面具光泽，垂直节理发育。顶部含少量植物根系，岩芯呈散状、土柱状，为坡顶坡积土。钻孔揭露厚度 1.9～13.5m。

第四系全新统滑坡堆积物（Qh^{del}）碎裂状泥岩，褐红色，以黏土矿物为主，含部分泥质、砂质碎块和泥质胶结物，为黄土层与泥岩砂岩接触带，破碎，湿时手可折断，岩芯呈碎块状，属于滑动带地层。钻孔揭露厚度 2.5～10.0m。

古近系清水营组（E_3q）泥质砂岩，红褐色，砂质结构，层理构造，风化强烈，以石英、长石为主，泥质胶结，胶结一般，锤击声哑、易碎，岩芯呈块状、短柱状。钻孔揭露厚度 4.0～24.0m。

(3) 降水。南湾组滑坡发育有落水洞、水蚀沟槽，落水洞、水蚀沟槽是良好的雨水入渗、流通通道。在降雨下渗、雨水冲蚀作用下，水沿落水洞及水蚀沟槽下渗，造成坡体内产生贯穿性空洞，同时使土体软化、强度降低、重度增加，容易造成黄土陷穴贯通段进一步加长、加深，诱发局部滑坡，是造成滑坡变形的主要因素之一。

(4) 人类工程活动。工作区人类工程活动较为频繁，主要表现为人工修建房屋开挖坡脚，坡脚取土有助于剪出面的剪出，促使滑动面贯通。

4. 滑坡稳定性评价

按折线型滑动法对滑坡进行稳定性验算，计算方法采用简化 Bishop 法。计算工况考虑以下 3 种：①工况 1，自重；②工况 2，自重＋暴雨；③工况 3，自重＋地震。

暴雨标准根据《滑坡防治工程设计与施工技术规范》(DZ/T 0219—2006) 确定，暴雨强度重现期按 50 年计。地震荷载根据《建筑抗震设计规范》(2016 版)(GB 50011—2010) 确定，西吉县设防烈度为 8 度，地震动峰值加速度按 50 年超越概率计算，取 $0.2g$。

计算参数在统计土工试验数据基础上,根据滑体、滑带土物理力学性质,结合区内地质环境条件、滑体结构特征、性状、坡体变形破坏特征及其空间变化情况以及反算结果综合确定(表3.2-1、表3.2-2)。根据所选取的参数,上述不同工况下滑坡稳定性计算结果见表3.2-3。经定量计算分析得出,滑坡在天然状态下处于基本稳定状态,在暴雨工况下处于欠稳定状态,在地震工况下属于不稳定状态。

表3.2-1 南湾组滑坡计算剖面参数表

地层	状态	重度 $\gamma/(kN \cdot m^{-3})$	黏聚力 c/kPa	内摩擦角 $\varphi/(°)$
黄土	天然	16.8	30.7	26.9
	饱和	18.2	21.4	22.7

表3.2-2 南湾组滑带抗剪强度参数综合取值表

天然状态			饱和状态		
c/kPa	$\varphi/(°)$	$\gamma/(kN \cdot m^{-3})$	c/kPa	$\varphi/(°)$	$\gamma/(kN \cdot m^{-3})$
24.8	13.4	16.8	22.3	12.6	18.2

表3.2-3 南湾组滑坡体稳定性成果汇总表

计算剖面	滑动面位置	计算工况	稳定系数	稳定状态
1—1′剖面	滑带位置(未指定滑动面)	工况1	1.112	基本稳定
		工况2	1.036	欠稳定
		工况3	0.996	不稳定

5. 防治建议

南湾组滑坡可考虑以支护措施+坡面落水洞整治+坡面植被防护+截排水为主的治理措施,以保障其稳定性。2022年7月,当地政府已组织居民搬迁,现滑坡主要威胁滑坡东侧区域安全,建议不对该滑坡进行治理,可加强日常巡逻监测。目前滑坡已设置监测点位,应结合滑坡监测数据对坡面裂缝等进行填充。

3.2.2 杨明组滑坡

1. 滑坡概况

彭阳县新集乡马洼村杨明组滑坡为彭阳县在册地质灾害隐患点,地理坐标为E106°29′54.65″,N35°19′9.66″。该滑坡坡高135m,宽约400m,长570m,滑体厚约25m,滑向162°,体积150×10⁴m³(图3.2-4)。现场调查结果表明,滑坡坡度平均约22°,较陡处约30°,由第四系上更新统粉质黏土组成,坡体中部及坡脚处切坡建房,坡顶修建梯田。勘查钻探点位4处,累计进尺深度180m,黄土层厚整体较大,可见粉质黏土层。滑坡范围内地势较缓,人类工程活动明显,地表植被以杂草为主,坡面发育大长切沟,冲刷切割作用强烈,在降雨等不利因素综合作用下,滑坡稳定性降低。本次勘查区域地面高程介于 1630~1780m,据现场调查走访,20 年前滑坡后缘坡顶有一条裂缝约 2m,走向 120°,因人工改造农田被填埋,现已不可见;滑坡后缘发育多条垂向冲沟。目前,杨明组滑坡整体处于基本稳定状态,威胁坡脚 29 户 138 人生命安全,潜在经济损失 630 万元。

图 3.2-4　杨明组滑坡全貌

2. 三维模型建立

杨明组滑坡为黄土层内滑动,滑动面主要发育于黄土层内软弱面。滑坡上部黄土以粉粒为主,垂直节理发育,易透水,在降雨及地下水等影响下,滑动面工程力学性质易折减,强度降低,进而诱发黄土浅层滑坡。

根据钻探揭露,下层黄土风化程度较低,较密实。黄土下层为褐红色粉质黏土,稍湿,硬塑,主要成分以黏粒为主,粉粒次之,黏质,刀切面粗糙,手可碾碎,干强度、韧性低,岩芯呈土柱状。

杨明组滑坡地质结构模型和三维实景模型如图 3.2-5 和图 3.2-6 所示。

3. 滑坡特征

根据本次钻孔揭露,滑坡地层结构清晰,详述如下。

滑体主要为黄土,干—稍湿,松散—密实,成分以粉粒为主,黏粒次之,遇水稍具黏性,局部含黏土团块,土质较均匀,无摇震反应,干强度、韧性低,岩芯多呈散状。黄土黏性不足,抗冲刷性能差,垂直节理发育,垂直方向透水性较好,具有湿陷性。

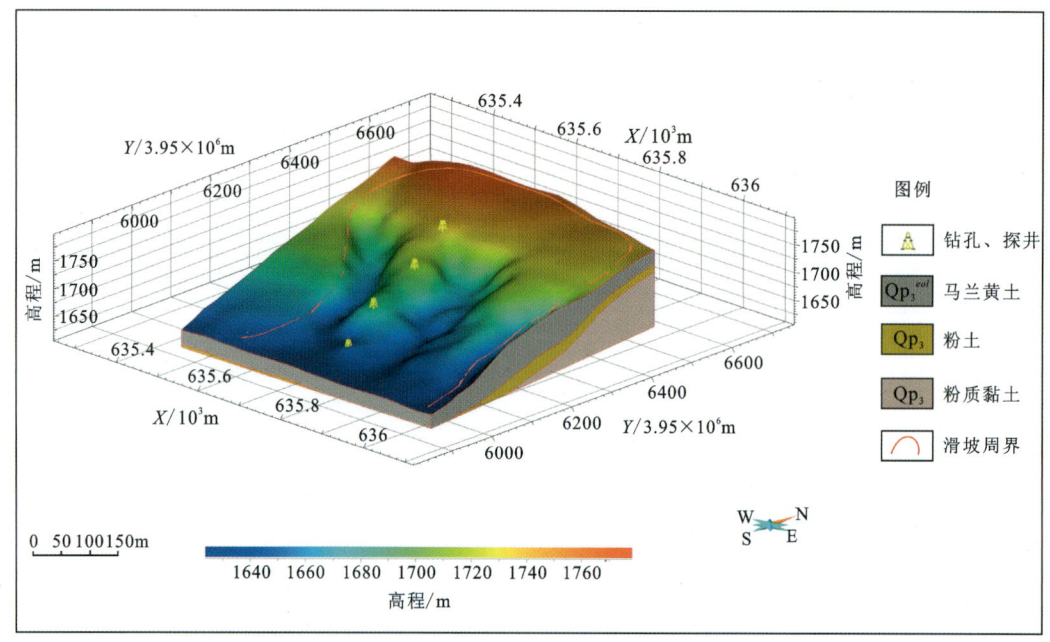

图 3.2-5　杨明组滑坡地质结构模型

图 3.2-6　杨明组滑坡三维实景模型

（1）滑塌体。根据现场调查和探井揭露，滑坡体为第四系黄土，厚度约 25m，透水、不含水，结构较为松散，具有湿陷性。滑坡后缘曾发育一条拉裂缝，现已掩埋不可见。滑坡后缘发育多条垂向切沟，坡面发育 3 条大长冲沟，坡体形态沟壑明显。目前滑坡处于基本稳定状态，但在地震、降雨等因素的影响下，可能会诱发滑坡形变，进而导致滑坡发生。

（2）冲沟。根据野外调查，勘查区冲沟发育。坡面发育 3 条大长冲沟，长度分别为 380m、430m、330m，宽度分别为 20m、25m、32m，深度均约 10m。其中长度为 430m 的冲沟发育一条

第 3 章 典型黄土滑坡工程地质特征及稳定性评价

支沟,支沟长约130m,分布在滑坡后缘。长度为330m的冲沟发育较为均匀,近似长方体。冲沟发育对滑坡稳定性具有重要影响,降雨加强对冲沟的侵蚀作用,冲沟进一步发育,对滑坡稳定性造成不利影响。

4. 滑坡稳定性评价

滑坡稳定性定量评价基于土体莫尔强度理论及滑坡运动力学平衡原理,本次稳定性计算选取滑坡1—1′剖面进行,按折线型滑动法验算。计算方法采用简化Janbu法,计算工况如下。

(1)工况1:自重。
(2)工况2:自重+暴雨。
(3)工况3:自重+地震。

暴雨标准根据《滑坡防治工程设计与施工技术规范》(DZ/T 0219—2006)确定,暴雨强度重现期按50年考虑。地震荷载标准根据《建筑抗震设计规范》(2016版)(GB50011—2010)确定,彭阳县设防烈度为8度,地震动峰值加速度按50年超越概率为10%,取0.2g。影响土体强度指标黏聚力c和内摩擦角φ的因素较多,c、φ值的微小变化即会造成计算结果的较大差异。本次研究在统计土工试验数据的基础上,根据滑体、滑带土物理力学性质,结合区内地质环境条件、滑体结构特征、性状、坡体变形破坏特征及其空间变化情况,再结合反算结果综合确定计算参数。

根据室内试验结果,参考《工程地质手册》(第五版)及其他文献资料,本滑坡不同工况物理力学指标建议值见表3.2-4。滑坡稳定状态则根据《滑坡防治工程勘查规范》第12.4.6条的规定确定,如表3.2-5所示。经定量计算分析得出,杨明组滑坡在天然状态下处于稳定状态,在暴雨工况下处于稳定状态,在地震工况下属于不稳定状态,定性评价滑坡范围较大,定量计算不稳定滑面处于坡脚位置。

表3.2-4 杨明组滑坡不同工况滑体物理力学指标建议值表

工况	重度$\gamma/(kN \cdot m^{-3})$	黏聚力c/kPa	内摩擦角$\varphi/(°)$
工况1	16.6	31.8	25.1
工况2	20.0	20.8	21.2
工况3	17.6	23.4	22.7

表3.2-5 杨明组滑坡稳定性计算结果表

计算剖面	滑动面位置	工况	稳定系数	稳定状态
2—2′剖面	滑带位置(未指定滑动面)	工况1	1.650	稳定
		工况2	1.561	稳定
		工况3	0.976	不稳定

5. 防治建议

(1)杨明组滑坡坡脚处稳定性较差,建议停止坡脚处非必要的人类工程活动,同时在坡体周界及坡面完善截排水系统,对坡体进行绿化,结合监测预警进行综合治理,以消除滑坡对居民人身及财产安全的威胁。

(2)目前滑坡已设置监测点位,可结合滑坡监测数据动态发布预警信息,提高受威胁群众防灾意识,为应急撤离提供决策依据,以避免地质灾害伤亡事故发生和减少经济财产损失。

3.2.3 陈新村一组滑坡

1. 滑坡概况

该滑坡位于隆德县陈勒乡陈新村一组,为小型黄土推移式滑坡,目前滑坡体前缘有滑动迹象。滑坡中心坐标为 E106°10′5.03″、N35°34′19.33″,总体滑向181°,平面形态呈圈椅状,剖面形态呈折线状,高程2281~2260m,高差21m,坡度38°~44°。滑坡所在斜坡后缘平台区域开垦大量农田,后缘有明显的滑壁,滑壁高3.1~4.4m,可见明显的滑痕。滑带平均厚度约3.6m,滑体长30m,宽78m,方量$0.84×10^4 m^3$,滑坡整体稳定性较差,严重威胁坡脚3户7人和50万元生命财产安全(图3.2-7)。

图 3.2-7 陈新村一组滑坡全貌

2. 三维模型建立

陈新村一组滑坡为土岩接触滑坡,滑动面主要发育于黄土与下覆泥岩的软弱接触带。滑坡上部黄土以粉粒为主,垂直节理发育,易透水。黄土下层为褐红色泥岩,稍湿,硬塑。在降雨及地下水等因素的影响下，滑坡滑动面工程力学性质易折减，强度降低，进而诱发黄土滑坡。

陈新村一组滑坡地质结构模型和三维实景模型如图 3.2-8 和 3.2-9 所示。

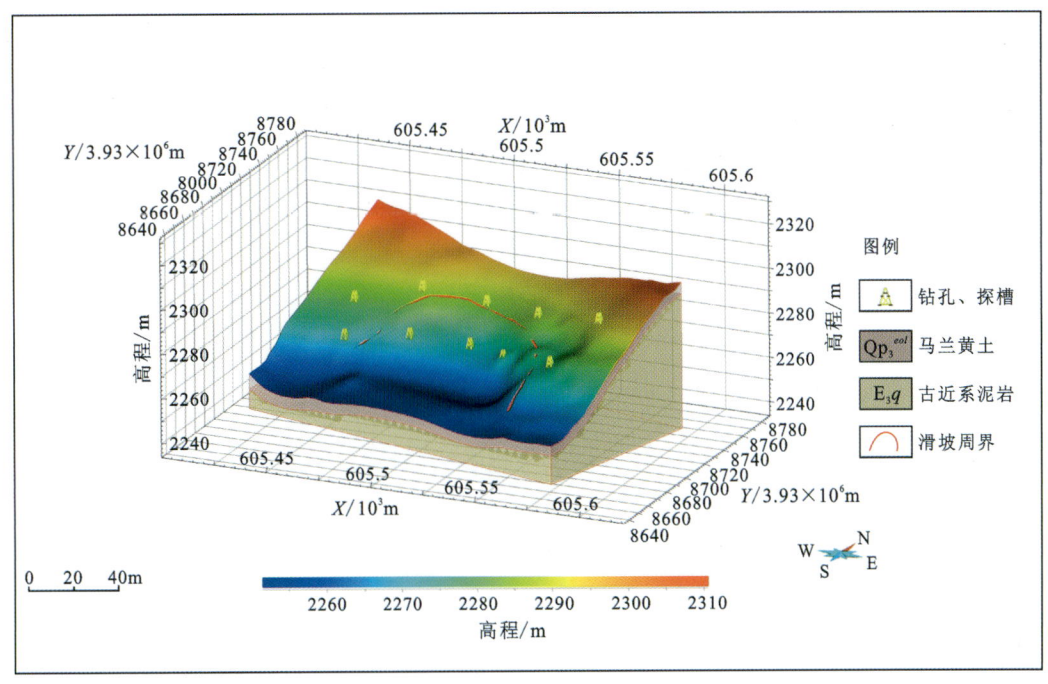

图 3.2-8　陈新村一组滑坡地质结构模型

图 3.2-9　陈新村一组滑坡三维实景模型

3. 滑坡特征

（1）滑体特征。根据现场调查和探井揭露，滑体由第四系黄土构成，厚度 0.5～4.1m，呈黄褐色，稍湿，为透水、不含水土体，结构较松散，具湿陷性。

（2）滑动带特征。滑动面为土（黄土）岩（泥岩）接触面，以碎裂状泥岩、砂岩碎块为主，充填大量黏土物质，滑坡前缘底部夹黄土状粉质黏土，明显可见黄土层与泥岩层分界面，层间结合差，局部形成泥化软弱夹层，浸水软化形成滑面。

（3）滑床特征。根据探井揭露及坡脚地层出露，滑床为古近系褐红色泥岩，属软质岩体，一般处于饱和状态，泥质结构，层理构造，泥质胶结，矿物成分以黏土矿物为主，含非黏土矿，胶结松散，锹镐可挖掘，强度低。

4. 滑坡稳定性评价

根据土体莫尔强度理论及滑坡运动力学平衡原理定量评价滑坡稳定性，利用简化 Bishop 法验算。本次稳定性计算选择滑坡 2—2′、3—3′和 4—4′剖面。计算工况考虑以下 3 种。

（1）工况 1：自重。

（2）工况 2：自重＋暴雨。

（3）工况 3：自重＋地震。

暴雨标准根据《滑坡防治工程设计与施工技术规范》（DZ/T 0219—2006）确定，暴雨强度重现期按 50 年计算。地震荷载标准根据《建筑抗震设计规范》（GB 50011—2010）（2016 版）确定，隆德县设防烈度为 8 度，地震动峰值加速度按 50 年超越概率计算，取 $0.2g$。

影响土体强度指标 c 值和 φ 值的因素较多，且 c、φ 的微小变化都会造成计算结果有较大差异。本次在统计土工试验数据的基础上选取计算参数，根据土体的物理力学性质，结合区内地质环境条件、滑体结构特征、性状、坡体变形破坏特征及其空间变化情况及反算结果综合确定。

滑坡各岩土层的物理力学指标如表 3.2-6 所示，上述 3 种工况下滑坡稳定性计算结果见表 3.2-7。经定量计算分析得出，陈新村一组滑坡工况 1 处于稳定状态；工况 2 下处于欠稳定状态；工况 3 下处于欠稳定—不稳定状态，易失稳下滑。

表 3.2-6　陈新村一组滑坡各岩土层物理力学指标表

地层	状态	重度 $\gamma/(kN \cdot m^{-3})$	黏聚力 c/kPa	内摩擦角 $\varphi/(°)$
黄土	天然	15.2	41.59	26.09
黄土	饱和	16.5	22.52	22.38
泥岩	天然	18.8	45.10	26.88
泥岩	饱和	18.8	18.81	21.24

表 3.2-7　陈新村一组滑坡稳定性成果汇总表

计算剖面	滑动面位置	工况	稳定系数	稳定状态
2—2′剖面	土-岩接触面	工况 1	1.730	稳定
		工况 2	1.018	欠稳定
		工况 3	1.039	欠稳定
3—3′剖面	土-岩接触面	工况 1	1.907	稳定
		工况 2	1.029	欠稳定
		工况 3	1.020	欠稳定
4—4′剖面	自动搜索最危险滑动面	工况 1	2.208	稳定
		工况 2	1.021	欠稳定
		工况 3	1.017	欠稳定

5. 防治建议

（1）滑坡前缘切坡修路建房，形成 2~3m 的岩土质边坡，破坏了坡体的整体稳定性，致使滑坡受牵引失稳，建议对该滑坡前缘房后进行支护，配合坡面截排水进行治理，保障坡脚住户生命财产安全。

（2）目前滑坡已设置监测点位，可结合滑坡监测数据，动态发布预警信息，提高受威胁群众防灾意识，为应急撤离决策提供依据，以避免地质灾害伤亡事故发生，减少财产经济损失。

3.3　小　结

1. 西吉县

西吉县滑坡主要分布在县域西南部的滥泥河和葫芦河中上游河谷两岸及其支流黄土冲沟中，北部、东北部和东南部区域发育相对较少；县西南、南部部分乡镇地质灾害较发育。地层岩性、坡体地质结构、坡体形态等是滑坡灾害形成的控制因素，地下水是滑坡灾害形成的影响因素，滑坡形成的主要诱发因素是地震，其次是人类工程活动和降水。

西吉县黄土-泥岩型滑坡的变形可概括为软化—蠕变—滑动 3 个步骤。西吉县滑坡主要成灾模式为推移式蠕滑-拉裂模式和牵引式拉裂-滑移模式。西吉县最具代表性的滑坡为硝河乡新庄村南湾组滑坡，该滑坡属于推移式浅层滑坡，是典型的老滑坡，在连阴雨过程中，降水入渗至泥岩表面，使泥岩表面软化，黄土或黄土和全风化泥岩残坡积土与下伏泥岩在接触面上形成软塑—流塑状态薄弱带，薄弱带黏聚力和内摩擦角减小，抗滑力下降，上部黄土或黄土和全风化泥岩残坡积土在重力作用下沿薄弱带发生滑移。

2. 彭阳县

彭阳县主要发育滑坡地质灾害，规模以小型为主。滑坡主要分布在县南部的白阳镇和东北部的新集乡、冯庄乡等乡镇,大多集中于区内黄土丘陵区,坡度多为20°~60°。地层岩性、坡体地质结构、坡体形态等是滑坡形成的控制因素,地下水和植被是滑坡形成的影响因素,人类工程活动和降水的双重作用是滑坡形成的触发因素。黄土的厚度、强度及其下伏新近系泥岩的出露高度决定了斜坡变形破坏方式和强度,对滑坡发生的频度和产生风险具有明显的控制作用;斜坡地质结构决定了斜坡变形破坏的方式和软弱结构面的位置,形成黄土层内滑动面、黄土-新近系泥岩接触面滑动面和黄土-基岩顶面滑动面3种类型,根据勘查结果,勘查区内滑坡多属于黄土层内滑坡。彭阳县内地表水系发育,沟壑纵横,地形破碎,地貌类型以黄土高原梁峁为主;地质环境条件十分脆弱,水土流失较严重,滑坡发育;断裂构造不发育,无破坏性地震发生;第四纪黄土广布,白垩系、新近系沿河谷零星出露,岩体主要由砂页岩组成,土体主要为黄土,河谷区分布有砂砾石;没有形成统一、连续的地下水流场,人类工程活动主要集中在河谷残坡和沟谷斜坡地区,降水和人类工程活动成为触发地质灾害的重要因素。

总体上,彭阳县环境工程地质条件差,是滑坡地质灾害的高发地区。区内地质灾害与地形地貌、地层岩性、人类工程活动(如切坡建房、农业开垦)等相关性强,与断层构造的相关性较弱。降雨是彭阳县地质灾害发育的最主要诱发因素,特别是主汛期持续降雨影响最为强烈,当滑坡坡面上部存在裂隙或落水洞时,遇到降雨条件时坡体稳定性降低的程度更大。

3. 隆德县

隆德县内地表水系发育,沟壑纵横,地形破碎,地貌类型主要有中低山地貌、黄土丘陵地貌、红岩丘陵地貌和河谷平原地貌,地质环境条件十分脆弱,水土流失较严重。隆德县属六盘山地震带海原地震小区,地震烈度为Ⅶ~Ⅷ度,地震动峰值加速度为0.20g,4级以上地震震中虽未在此县,但可波及。县内第四纪黄土广布,白垩系、新近系及古近系在构造带附近广泛出露,基岩主要由砂岩、泥岩组成,土体主要为黄土,河谷区分布有砂砾石;没有形成统一、连续的地下水流场,人类工程活动集中在河谷阶地和沟谷斜坡地区,降水、人类工程活动是触发地质灾害的重要因素。

隆德县总体环境工程地质条件差,是滑坡等地质灾害的高发地区。地质灾害主要分布在黄土丘陵区和红岩丘陵区,包括城关镇、凤岭乡、张程乡、好水乡、陈靳乡等乡镇,中低山区和河谷平原区灾害发育较少。在黄土丘陵区,滑坡、不稳定斜坡(滑坡隐患)分布较多。坡体地质结构、坡体形态、地质构造等是滑坡、崩塌灾害形成的控制因素,降水、地震和人类工程活动是滑坡、崩塌形成的主要触发因素。斜坡地质结构决定了斜坡变形破坏的方式和软弱结构面的位置,形成黄土层内滑动面和黄土-泥岩接触面滑动面及泥岩层内滑动面。黄土的厚度、强度及其下伏岩层的出露高度决定了斜坡变形破坏方式和强度,对滑坡、崩塌灾害发生的频度和产生的风险具有明显的控制作用。斜坡高度与坡度对滑坡、崩塌具有明显的控制作用,滑坡主要发生在坡度30°~50°、坡高30~100m的斜坡上。隆德县构造隆起区比断陷盆地地质灾害更为发育,大气降水通过降低岩土体的抗剪强度,增大土体容重、孔隙水压力、浮托力等,加速斜坡岩土体的变形破坏,进而诱发了大规模的黄土滑坡。

第 4 章　典型黄土滑坡物理力学指标特性分析

对西吉县、彭阳县和隆德县典型黄土滑坡现场进行调查并取样,取样深度为 1~34m(图 4.1-1),取样后立即进行塑封,以减少土样在搬运过程中的扰动。

图 4.1-1　黄土取样现场照片

4.1　黄土的物理性质

根据《土工试验方法标准》(GB/T 50123—2019)规定,开展烘干试验、环刀试验、比重瓶试验和液塑限联合测定试验,测得黄土的含水量、密度、相对密度和液塑限,并通过计算得出黄土的其他物理性质指标。

常规物理性质指标共测试 373 组,其中西吉县共测试 147 组(表 4.1-1),彭阳县共测试 118 组(表 4.1-2),隆德县共测试 108 组(表 4.1-3)。

(1)含水率。指土壤中水分质量占土壤总质量的比例。测试采用烘干法,首先将土样放入烘箱中,在一定温度下加热一段时间,直到土中水分完全蒸发;然后将样品取出,称重,计算含水率。土样含水率=(土样初始质量-土样干燥后质量)/土样干燥后质量。

(2)密度。采用环刀法测定。使用环刀从测试点割取土样,将割取的土样放入一个干净的容器中,使用刷子将土样表面的杂质清除干净,确保样品的纯度。将干净的容器放在称量器上,记录容器的质量。将土样倒入容器中再次称重,记录土样的质量。将土样从容器中倒出,将刀套插入土样中,使其与土壤表面齐平。使用刀尺测量刀套的长度,即为土样的体积。土样密度=土样质量/土样体积。

(3)相对密度。指单位体积黄土的质量。从黄土中采集一定量的样品,尽量保持样品的均匀性。将样品放入干燥器中去除其中的水分,直到样品的质量保持稳定。准备一个干净的容器,并称重记录其质量。将干燥后的土样倒入容器中,并再次称重记录样品和容器的总质量。向容器中加入一定量的水,充分浸泡黄土。使用搅拌棒搅拌黄土和水,以确保黄土与水充分混合。将容器放置在静止不动的环境中,让黄土悬浮在水中,等待一段时间,使黄土沉降。将分离出的土样放入干燥器中去除其中的水分,直到样品的质量保持稳定。土样的相对密度=土样干燥后质量/(土样干燥后质量-容器质量)。

(4)液限。液限是指土壤含水量达到一定程度时,土壤开始呈现流动性的界限含水率,采用圆锥仪法测定。从需要测试的黄土中采集一定量的样品,尽量保持样品的均匀性。将土样放入一个干净的容器中,将圆锥仪底座放在水平的台面上,确保稳定,将圆锥仪放在底座上并调平。将土样加入圆锥仪的圆锥部分,填满至圆锥的顶部。使用刷子将圆锥的表面刷平,并确保土样表面光滑平整。将玻璃片放在圆锥仪的顶部,缓慢旋转圆锥仪,使土样开始流动。当土样开始流动时,记录下圆锥仪的角度,即为液限。

(5)塑限。指土壤在加水后发生塑性变形的临界水分含量。从黄土中采集一定量的样品,尽量保持样品的均匀性。将样品放入一个干净的容器中,向容器中加入一定量的水充分浸泡黄土。使用搅拌棒搅拌黄土和水,确保黄土与水充分混合。将土样取出,放入塑限模具中,使用塑限刀将土样刮平,使其与模具顶部齐平。将塑限模具放在天平上,记录模具的质量。将黄土样品连同模具一起放在天平上,记录样品和模具的总质量。土样的塑限=(土样和模具的总质量-模具的质量)/土样的质量。

表 4.1-1　西吉县黄土常规物理性质指标

深度/m	指标									
	密度 ρ/ (g·cm^{-3})	干密度 ρ_d/ (g·cm^{-3})	含水率 ω/%	饱和度 S_r/%	孔隙比 e	相对密度 G_s	塑限 ω_P/%	液限 ω_L/%	塑性指数 I_P	液性指数 I_L
1	1.52	1.36	11.3	32.59	1.0	2.71	16.73	26.56	9.84	-0.57
3	1.58	1.42	10.9	35.86	0.92	2.71	16.76	26.96	10.2	-0.58
5	1.52	1.38	10.32	29.16	0.97	2.71	16.7	26.7	9.96	-0.66
7	1.6	1.4	14.38	43.64	0.96	2.70	17.1	26.66	9.56	-0.30

续表 4.1-1

深度/m	指标									
	密度 ρ/ $(g \cdot cm^{-3})$	干密度 ρ_d/ $(g \cdot cm^{-3})$	含水率 ω/%	饱和度 S_r/%	孔隙比 e	相对密度 G_s	塑限 ω_P/%	液限 ω_L/%	塑性指数 I_P	液性指数 I_L
9	1.68	1.46	14.36	47.86	0.87	2.71	18.1	28.63	10.56	−0.35
11	1.78	1.52	15.4	61.19	0.79	2.71	17.5	27.64	10.14	−0.01
13	1.74	1.49	16.5	54.9	0.82	2.71	17.4	27.5	10.12	−0.11
15	1.79	1.54	16.52	57.4	0.77	2.71	17.6	27.95	10.4	−0.12

表 4.1-2 彭阳县黄土常规物理性质指标

深度/m	指标									
	密度 ρ/ $(g \cdot cm^{-3})$	干密度 ρ_d/ $(g \cdot cm^{-3})$	含水率 ω/%	饱和度 S_r/%	孔隙比 e	相对密度 G_s	塑限 ω_P/%	液限 ω_L/%	塑性指数 I_P	液性指数 I_L
1	1.40	1.29	8.4	21	1.1	2.71	16.18	26.21	10.03	−0.77
3	1.43	1.32	8.3	22.1	1.06	2.71	16.24	26.37	10.13	−0.78
5	1.46	1.33	9.24	25.1	1.03	2.71	16.27	26.43	10.18	−0.69
7	1.59	1.43	10.63	34.37	0.89	2.70	16.4	26.2	9.8	−0.58
9	1.53	1.37	11.92	35.2	0.99	2.71	16.26	26.3	10.04	−0.42
11	1.71	1.48	14.45	53.65	0.85	2.71	16.63	26.7	10.08	−0.21
13	1.77	1.51	17.1	61.48	0.81	2.71	17.18	27.53	10.35	−0.03
15	1.94	1.65	17.5	75.1	0.64	2.71	17	27.3	10.3	0.03

表 4.1-3 隆德县黄土常规物理性质指标

深度/m	指标									
	密度 ρ/ $(g \cdot cm^{-3})$	干密度 ρ_d/ $(g \cdot cm^{-3})$	含水率 ω/%	饱和度 S_r/%	孔隙比 e	相对密度 G_s	塑限 ω_P/%	液限 ω_L/%	塑性指数 I_P	液性指数 I_L
1	1.40	1.31	6.86	18.1	1.08	2.71	16.88	27.23	10.34	−0.97
3	1.36	1.27	7.1	17.6	1.14	2.71	16.69	27.19	10.50	−0.91
5	1.50	1.39	7.83	25.1	0.97	2.71	16.65	27.11	10.45	−0.85
7	1.48	1.36	8.64	25.54	0.99	2.71	16.46	26.74	10.28	−0.77
9	1.45	1.36	6.9	19.4	1	2.71	16.5	26.84	10.34	−0.93
11	1.44	1.36	6.3	17.18	1	2.71	16.43	26.93	10.5	−0.21

根据室内土工试验结果,宁夏南部地区黄土的密度范围为 1.36~1.94g/cm³;干密度的变化范围为 1.27~1.65g/cm³;含水率变化范围为 6.3%~17.5%;饱和度的变化范围较大,为 17.18%~75.1%;孔隙比变化范围为 0.64~1.14;相对密度均为 2.7 左右,变化范围小;塑限变化范围为 16.18%~18.1%;液限变化范围为 26.2%~28.6%;塑性指数变化范围为 9.56~10.56;液性指数变化范围为 -0.97~0.03。

由表 4.1-1~表 4.1-3 可知,随着埋深的增大,黄土的密度和干密度整体呈增大趋势,孔隙比整体呈减小趋势,饱和度整体呈增大趋势。埋深增大,上方土层的压力变大,这种压力会使黄土颗粒之间的接触更加紧密,从而增加湿密度和干密度。同时,埋深增大会导致黄土中的水分排泄困难,水分无法自由排出,黄土中的水分含量增加,进而导致密度和干密度变大。密度和干密度的增大意味着土体变得更加密实,土体内部颗粒间的接触更加紧密,土体的抗剪强度和抗压强度会相应增大。因此,随着埋深的增大,土体的密实程度增加,有利于提高滑坡的稳定性。

孔隙比的减小与土壤的固结作用有关。埋深增大会使土壤固结,土壤颗粒之间的接触更加紧密,孔隙的大小和数量减小。孔隙比减小表明土体内部的孔隙空间减小,土体变得更加密实。孔隙比减小会提高土体的抗剪强度,减小土体的变形和流动性,有利于减小滑坡的发生风险。

饱和度的增加可能与水分渗透与滞留有关。埋深增大会使土层上方的压力增加,这种压力会促使水分向下渗透到黄土中,从而增加黄土的饱和度。另外,埋深增大会导致黄土中的水分排泄困难,水分无法自由排出,从而使黄土中的水分含量增加,进而增加黄土的饱和度。这种变化对滑坡稳定性会产生较大的影响,随着饱和度增加,土体内部的孔隙被水填满,土体变得饱满,内部水压力增大。这会降低土体的抗剪强度和抗压强度,增加土体的流动和变形,从而增加滑坡的发生风险。

4.2 黄土的颗粒组成

黄土的颗粒组成是指黄土中各粒径颗粒的百分含量。黄土中颗粒组成的不同会使黄土的结构特征发生相应的变化,从而影响黄土的孔隙比、强度、渗透性等物理力学性质。因而分析黄土的颗粒组成对黄土物理力学性质研究具有重要的意义。

采用 Battersize2000 激光粒度分布仪(图 4.2-1)分析黄土的颗粒组成,分析结果用土的粒组相对含量表示。黄土的颗分试验共测试 84 组,其中南湾组滑坡测试 66 组,杨明组滑坡测试 6 组,陈新村一组滑坡测试 12 组。根据《土的工程分类标准》(GB/T 50145—2007),将黄土的颗粒组成按照砂粒(>0.075mm)、粉粒(0.005~0.075mm)、黏粒(<0.005mm)进行划分,划分结果如下(表 4.2-1、图 4.2-2)。

南湾组滑坡黄土黏粒(<0.005mm)粒组所占的比例为 10.36%~28.34%,粉粒(0.005~0.075mm)粒组所占的比例为 70.21%~79.51%,砂粒(>0.075mm)粒组所占的比例为 1.45%~13.38%。南湾组滑坡黄土的黏粒粒组、粉粒粒组和砂粒粒组在深度方向上的含量变化较为稳定。

第 4 章 典型黄土滑坡物理力学指标特性分析

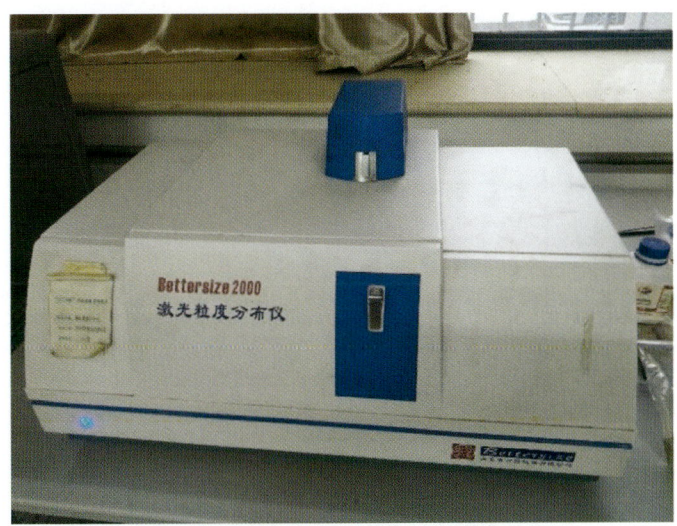

图 4.2-1　Battersize2000 激光粒度分布仪

表 4.2-1　南湾组滑坡黄土的颗粒组成

土样编号—深度/m	百分含量/%		
	黏粒<0.005mm	粉粒 0.005～0.075mm	砂粒>0.075mm
TJ3-5—1	15.47	76.49	8.04
TJ3-5—2	18.64	76.20	5.16
TJ3-5—3	21.32	74.00	4.68
TJ3-5—4	13.77	78.39	7.84
TJ3-5—5	12.74	78.44	8.82
TJ3-5—6	11.67	75.71	12.62
TJ3-5—8	14.07	78.06	7.87
TJ3-5—9	13.16	77.74	9.10
TJ3-5—10	12.38	74.24	13.38
TJ3-5—11	10.36	76.68	12.96
TJ3-5—12	13.11	74.50	12.39
TJ3-5—13	12.91	79.51	7.58
TJ3-5—14	28.34	70.21	1.45

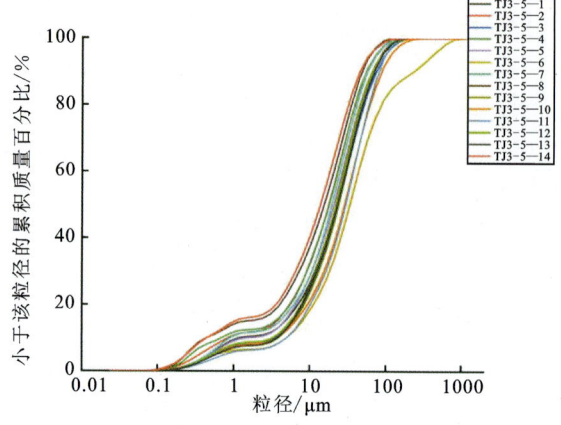

图 4.2-2 TJ3-5 黄土颗粒粒径分布曲线图

从表 4.2-2 及图 4.2-3 可以看出,杨明组滑坡黄土黏粒(<0.005mm)粒组所占的比例为 15.38%～24.51%,粉粒(0.075～0.005mm)粒组所占的比例为 70.60%～80.75%,砂粒(>0.075mm)粒组所占的比例较小,为 1.98%～5.36%。杨明组滑坡黄土的黏粒粒组、粉粒粒组和砂粒粒组在深度方向上的变化较为稳定。

表 4.2-2 杨明组滑坡黄土的颗粒组成

土样编号—深度/m	百分含量/%		
	黏粒<0.005mm	粉粒 0.005～0.075mm	砂粒>0.075mm
ZK11-4—11	22.96	75.06	1.98
ZK11-4—14	22.25	75.52	2.23
ZK11-4—17	25.91	70.60	3.49
ZK11-4—25	15.38	80.75	3.87
ZK11-4—30	21.53	73.11	5.36
ZK11-4—34	24.51	72.76	2.73

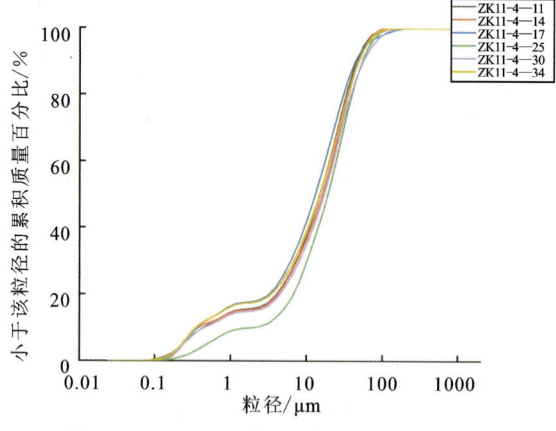

图 4.2-3 ZK11-4 黄土颗粒粒径分布曲线图

从表 4.2-3 及图 4.2-4、图 4.2-5 可以看出，陈新村滑坡黄土黏粒（<0.005mm）粒组所占的比例为 15.30%～46.29%，粉粒（0.005～0.075mm）粒组所占的比例为 53.34%～75.67%，砂粒（>0.075mm）粒组所占的比例较小，为 0.09%～14.96%。另外，从表中的数据可以看出，陈新村滑坡黄土随着埋深的增加黏粒粒组的含量明显增加，而粉粒（0.005～0.075mm）粒组和砂粒（>0.075mm）粒组所占的比例相对减小，可能的原因是埋深增加会导致土壤颗粒之间的压实作用增强，使黄土中的黏粒更加紧密地结合在一起，粉粒和砂粒更容易被压实成为黏粒。

表 4.2-3　陈新村滑坡黄土的颗粒组成

土样编号—深度/m	百分含量/%		
	黏粒<0.005mm	粉粒 0.005～0.075mm	砂粒>0.075mm
TJ1-5—1	19.96	70.60	9.44
TJ1-8—1	43.94	53.73	2.33
TJ1-1—2	24.60	70.47	4.93
TJ1-3—2	24.65	60.39	14.96
TJ1-5—2	15.36	76.47	8.17
TJ1-6—2	19.02	71.46	9.52
TJ1-7—2	29.31	66.22	4.47
TJ1-9—2	21.97	72.43	5.60
TJ1-2—3	24.29	70.93	4.78
TJ1-5—3	16.50	75.67	7.83
TJ1-7—3	44.68	54.37	0.95
TJ1-10—3	34.43	63.87	1.70
TJ1-1—4	27.94	66.50	5.56
TJ1-6—4	42.99	56.92	0.09
TJ1-3—5	43.06	56.63	0.31
TJ1-5—5	46.29	53.34	0.37
TJ1-9—5	40.80	58.91	0.29
TJ1-2—6	37.20	54.40	8.40
TJ1-5—6	34.69	62.35	2.96
TJ1-5—7	33.92	63.33	2.75

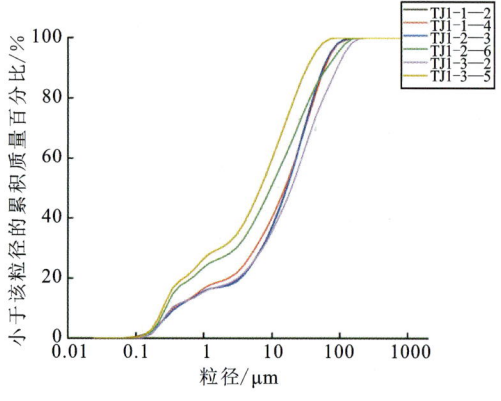
图 4.2-4　TJ1-1 黄土颗粒粒径分布曲线图

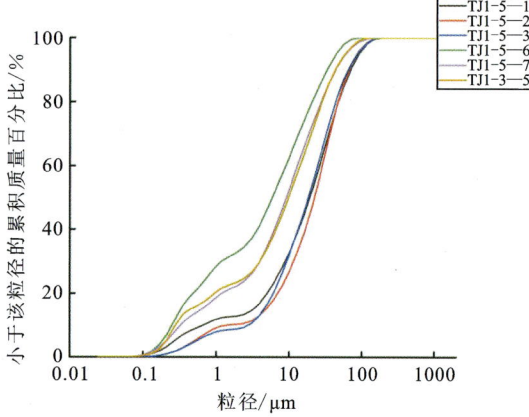
图 4.2-5　TJ1-5 黄土颗粒粒径分布曲线图

4.3　黄土的压缩性

黄土压缩试验是一种常用的土工试验方法,用于研究黄土在不同压力下的变形和强度特性。本试验使用压缩仪进行,按照土工试验规范将原状土样制成直径为 61.8mm、高度为 20mm 的环刀样。每组试验制备 3~4 个环刀试样进行平行试验,所得结果取平均值作为最终的试验数值。试验过程中,将黄土样品置于压缩仪的压力板上,施加垂直压力,然后测量样品的变形和应力。黄土的压缩试验共测试 373 组,其中西吉县共测试 147 组,彭阳县共测试 118 组,隆德县共测试 108 组。

黄土的压缩性是表征其固结特性的重要指标,它与黄土的物质组成、结构、应力历史等因素密切相关。本节主要对西吉县、彭阳县和隆德县 3 个研究区黄土压缩性随埋深的变化趋势进行分析。

4.3.1　西吉县黄土的压缩性

由图 4.3-1 可以看出,西吉县黄土压缩系数的实测值呈离散分布,即使在同一深度,土体压缩性也会因为物质组成、结构以及所处的应力状态存在差异而有所波动。实测值分布显示,浅层(<5m)黄土压缩系数多集中在 $0.2 \sim 0.4 \mathrm{MPa}^{-1}$ 区间,中层(5~10m)黄土压缩系数下降至 $0.1 \sim 0.3 \mathrm{MPa}^{-1}$,深层(>10m)黄土压缩系数回升至 $0.2 \sim 0.4 \mathrm{MPa}^{-1}$,这反映了土体分层特性。埋深为 0~5m 时,黄土受到上方土层的压力较小,因此压缩系数较大且离散性较强;随着埋深的增加,黄土的压缩系数逐渐减小且离散程度逐渐减弱,原因是土层的孔隙空间逐渐被填充,土粒之间的摩擦力增加,压缩难度增大;埋深大于 10m 后,压缩系数又有所增加,这是因为深层黄土中的黏粒含量发生变化,土层的压缩系数变大。拟合曲线整体呈现"浅层递减—深层回弹"的"U"形变化趋势,拐点约在 9m 处。

4.3.2　彭阳县黄土的压缩性

由图 4.3-2 可以看出,彭阳县黄土压缩系数的实测值呈离散分布,同一深度数据波动幅

第 4 章 典型黄土滑坡物理力学指标特性分析

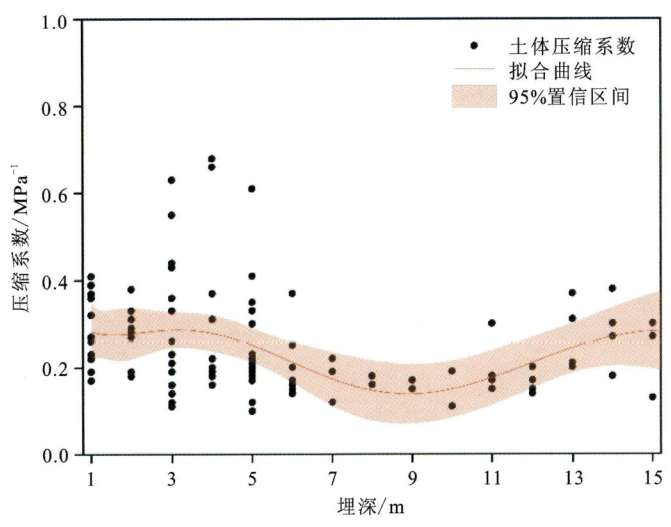

图 4.3-1 西吉县黄土压缩系数散点图

度最大可达 0.39MPa^{-1}，这与土体物质组分差异、结构非均质性和应力分布不均有关。实测值分布显示，浅层（<5m）黄土压缩系数密集分布于 $0.1\sim0.3\text{MPa}^{-1}$ 区间，反映了新近堆积黄土的强压缩特性；中层（5～10m）黄土压缩系数大多在 0.2MPa^{-1} 以下；而深层（>10m）黄土压缩系数回升至 $0.2\sim0.4\text{MPa}^{-1}$。浅层土体在低围压下呈现高孔隙比和弱胶结特征，导致压缩系数大；中层土体在压实作用下形成稳定骨架结构，压缩系数较小；深层因黏土矿物含量增加引发膨胀-收缩效应，导致再压缩趋势。彭阳县黄土压缩系数拟合曲线展现显著"U"形变化规律，在 8m 深度形成趋势拐点。0～8m 段压缩系数以 $0.02\text{MPa}^{-1}/\text{m}$ 速率递减，8～15m 段以 $0.015\text{MPa}^{-1}/\text{m}$ 速率回升。

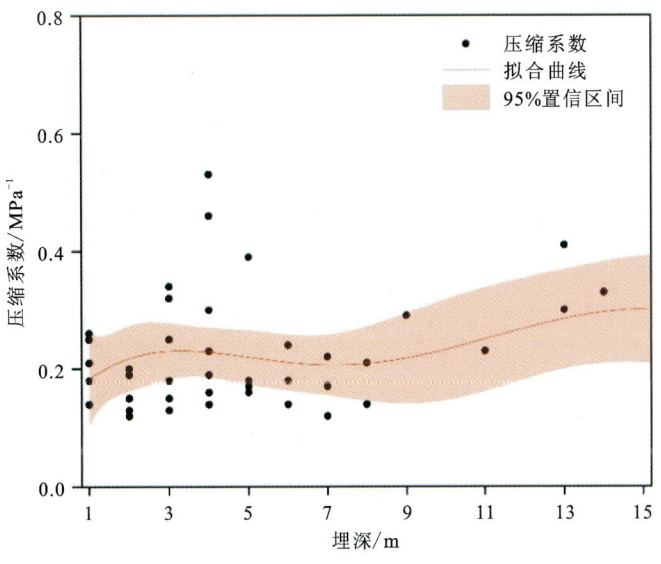

图 4.3-2 彭阳县黄土压缩系数散点图

4.3.3 隆德县黄土的压缩性

由图 4.3-3 可以看出,隆德县黄土压缩系数同样呈离散分布。浅层(<5m)黄土压缩系数分布于 0.1~0.6MPa^{-1} 区间,较深位置处(5~11m)黄土压缩系数大多在 0.2MPa^{-1} 以下。埋深<5m 时,黄土的压缩性较大且波动明显,可能是因为浅层黄土较松散,含水量较高,受压后体积容易改变。埋深>5m 时,黄土的压缩性较小,这是因为黄土经过长期压实,土体较致密,受压不易变形。

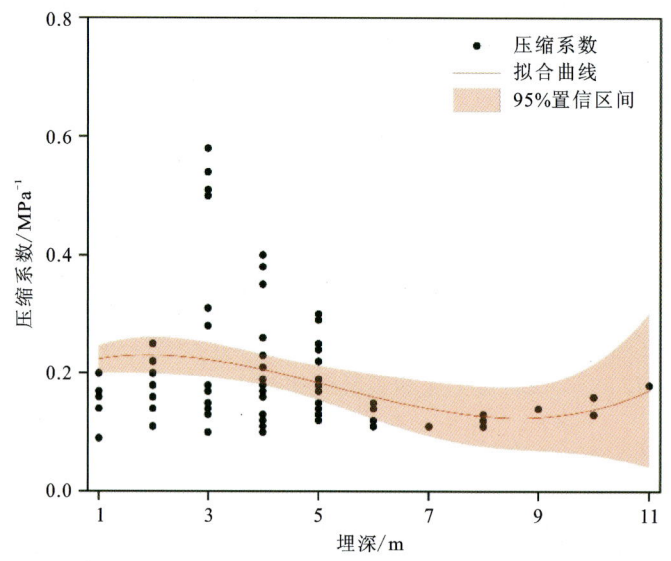

图 4.3-3　隆德县黄土压缩系数散点图

综合比较图 4.3-1~图 4.3-3 可以看出,随着埋深的增加,黄土压缩系数整体呈现"浅层递减—深层回弹"的"U"形变化趋势。浅层(<5m)黄土压缩系数较大,且波动强烈,这可能是因为浅层黄土较松散,含水量较大,受压后体积改变较大。在埋深为 6~10m 时,黄土的压缩系数变化较缓慢,这是因为黄土经过长期压实,土体较致密,受压不易变形。埋深大于 10m 时,黄土的压缩系数又有所增加,因为深层黄土中的黏粒含量较高,受压后容易再次发生体积应变。

4.4　黄土的湿陷性

黄土湿陷性指黄土在受水作用或潮湿条件下其体积增大的程度,反映了黄土在湿润条件下的膨胀和软化特性,与黄土的孔隙率、黏粒含量等有关。作为黄土最为显著的特征之一,湿陷性的研究对于分析黄土滑坡的形成机理具有重要的意义。黄土的湿陷性使用湿陷仪测试,试验步骤如下:①从黄土中采集一定量的样品,尽量保持样品的均匀性;②将样品放入一个干净的容器中,将湿陷仪底座放在水平的台面上,确保其稳定;③将湿陷仪放在底座上,并调平;④将土样加入湿陷仪的圆柱部分,填满至圆柱的顶部;⑤使用刷子将土样的表面刷平,确保土样的表面光滑平整;⑥向湿陷仪中加入一定量的水,使土壤样品充分浸泡,注意不要过度加水,以免影响测试结果;⑦等待一段时间,让土样充分吸水和发生体积变化;⑧使用湿陷仪上的刻度尺测量土样的体积变化。

黄土的湿陷试验共测试 371 组,其中西吉县共测试 147 组,彭阳县共测试 116 组,隆德县共测试 108 组。由于不同土样的结构和物质组成不同,其湿陷性各有差异。本节主要对西吉县、彭阳县和隆德县 3 个研究区黄土湿陷性随埋深的变化趋势进行分析。

4.4.1 西吉县黄土的湿陷性

由图 4.4-1 可以看出,西吉县黄土湿陷系数实测值呈现明显的离散分布特征,同一深度数据波动幅度最大可达 0.17,这与土体的非均质性有关。从深度分布看,埋深<6m 时,黄土湿陷系数离散性较大,分布于 0.01~0.2 之间,53% 的实测湿陷系数大于 0.07;埋深>6m 时,黄土湿陷系数大多在 0.03 以下,且变化趋于稳定。整体来看,黄土湿陷系数的拟合曲线呈现随埋深增加非线性衰减的特征。

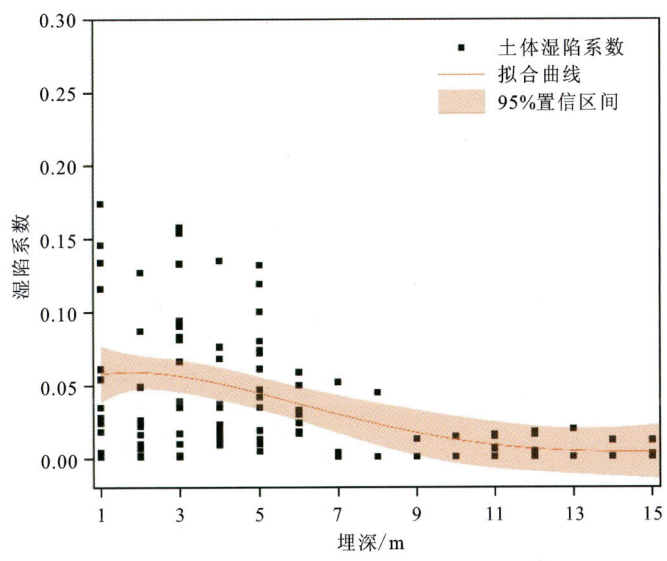

图 4.4-1 西吉县黄土湿陷系数散点图

4.4.2 彭阳县黄土的湿陷性

由图 4.4-2 可以看出,彭阳县黄土湿陷系数实测值也具有明显的离散性,同一深度数据波动幅度最大可达 0.11,这一现象与土体的非均质性有关。从深度分布看,埋深<6m 时,黄土湿陷系数离散性较大,分布于 0.02~0.13 之间,43% 的实测湿陷系数大于 0.07;埋深>6m 时,黄土湿陷系数维持在较小的区间,大多在 0.03 以下,且变化趋于稳定。整体来看,黄土湿陷系数的拟合曲线也表现出随埋深增加非线性衰减的特征。

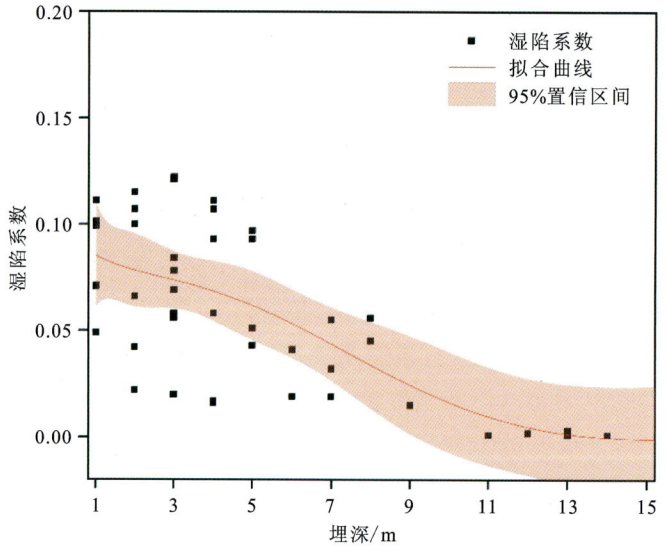

图 4.4-2　彭阳县黄土湿陷系数散点图

4.4.3　隆德县黄土的湿陷性

由图 4.4-3 可以看出,隆德县黄土湿陷性系数的拟合曲线也表现出随埋深增加非线性降低的趋势,湿陷系数实测值也具有明显的离散性,同一深度数据波动幅度最大可达 0.13。埋深＜6m 时,黄土湿陷系数离散性较大,分布于 0.01～0.16 之间,58% 的实测湿陷系数大于 0.07;埋深＞6m 时,黄土湿陷系数大多在 0.03 以下,且变化趋于稳定。

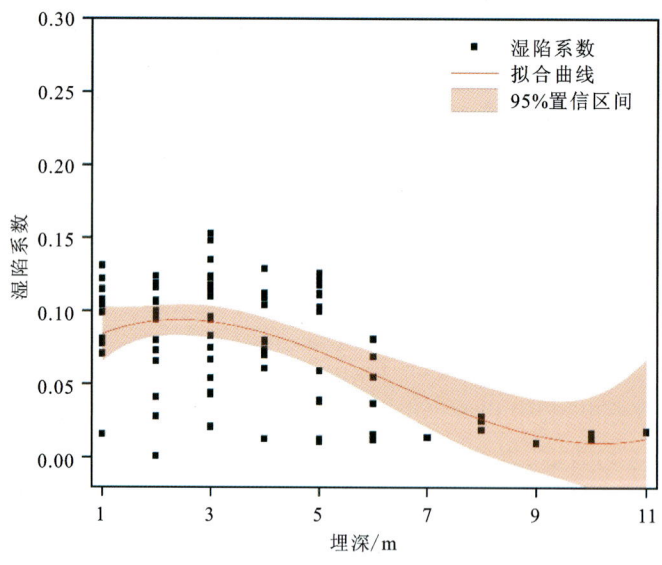

图 4.4-3　隆德县黄土湿陷系数散点图

通过比较图 4.4-1～图 4.4-3 可以发现,随着黄土取样深度的增加,黄土湿陷系数整体呈现出非线性降低的趋势,这与黄土的孔隙比随埋深的增加不断降低有关。埋深增加导致黄土受到更大的压力,黄土颗粒更加紧密,颗粒间的孔隙空间减少,从而减小了湿陷性。另外,随着埋深的增加,黄土的孔隙水压力增大,导致黄土颗粒之间的接触力增加,从而使土壤更加紧密。埋深增加还会使黄土受到更大的应力,颗粒排列更加紧密,减少了颗粒间的可变形空间,从而减小了湿陷性。

综上,埋深<6m时,湿陷系数>0.07的比例较高,也就是说,强烈湿陷性黄土的比例较高。随着埋深的增加,尤其是当埋深超过6m后,湿陷系数在0.03~0.07之间,中等湿陷性黄土的比例明显增加。

4.5 黄土的渗透性

黄土的渗透性指单位时间内单位面积水分通过土体的能力,反映了水在黄土中的流动特性和水分渗透黄土的难易程度。黄土的渗透性与黄土的孔隙率、孔隙大小分布、结构等性质有关,孔隙多且孔径大的黄土渗透性好。黄土的渗透性采用TST-50渗透仪进行变水头渗透试验测定。本次研究共测试150组,其中西吉县共测试52组,彭阳县共测试48组,隆德县共测试50组。不同土样的结构和物质组成不同,其渗透系数各有差异,本节主要对西吉县、彭阳县和隆德县3个研究区黄土渗透性随埋深的变化趋势进行分析。

如图4.5-1所示,西吉县、彭阳县和隆德县所取黄土试样的渗透系数实测值有明显的离散分布特征,同一深度数据波动幅度最大可达0.0001cm/s,这与土体的非均质性有关。从深度分布看,埋深<10m时,黄土渗透系数离散性较大,分布在0.00001~0.002cm/s之间,67%的实测渗透系数大于0.0002cm/s,均值为0.0003cm/s;埋深>10m时,黄土渗透系数大多在0.0002cm/s以下,且变化趋于稳定,均值为0.00003cm/s,与埋深<10m时渗透系数相差10倍。整体来看,黄土渗透系数的拟合曲线呈现随埋深增大的非线性衰减特征。

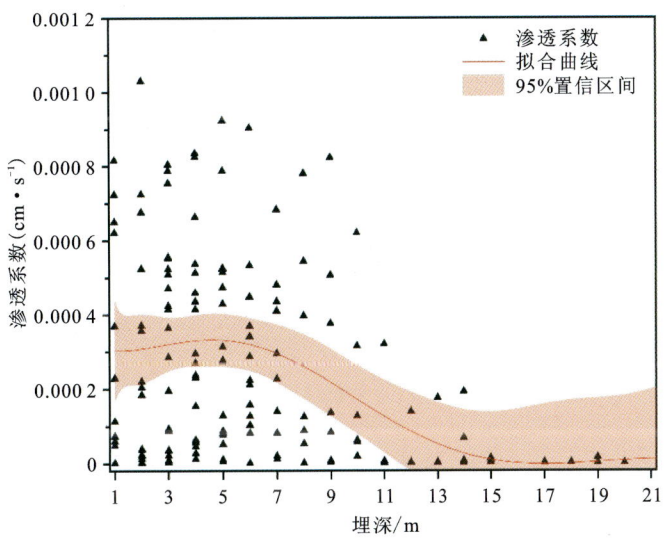

图4.5-1 研究区黄土渗透系数散点图

黄土的渗透系数受到多方面条件的影响,其中黄土颗粒大小和排列密度是主要影响因素。较大的颗粒和较松散的排列会增加土体的孔隙度,从而提高土体的渗透系数。如图 4.5-1 所示,浅层黄土较松散,孔隙较多,渗透性较好。随着埋深增加,黄土逐渐被压实,土体变得更致密,孔隙度减小,渗透系数减小,且变化趋于稳定,原因为随着埋深的增加,黄土所受固结压力不断增加,孔隙比不断减小,使得黄土的渗透系数减小。

4.6 黄土的三轴剪切特性

采用 GDS 型应力应变控制式三轴剪切仪(图 4.6-1)进行固结不排水三轴压缩试验(CU),研究西吉县硝河乡南湾组滑坡黄土的强度和变形特性,为南湾组滑坡变形破坏研究提供基本的强度参数。固结不排水三轴压缩试验共测试 36 组,试样皆取自南湾组滑坡。

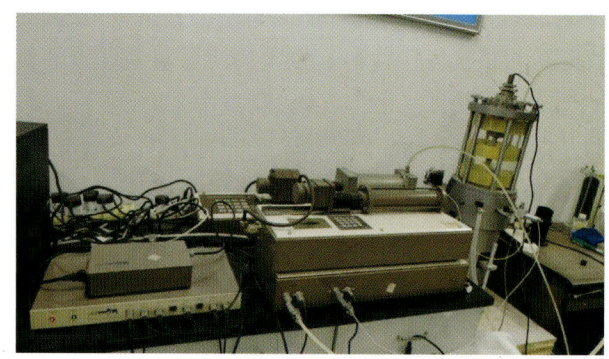

图 4.6-1　GDS 型应力应变控制式三轴剪切仪

4.6.1　试验原理

固结不排水三轴压缩试验是将制备的原状土试样套在橡胶模内,放入密封的压力室,然后通过围压系统向压力室内压入水,使试样在各个方向受到围压 σ_3,并使液压在整个试验过程中保持不变,这时试样各个方向所受到的 3 个主应力相等,因此试样内部不产生剪应力,在此过程中排水阀始终保持开启(图 4.6-2)。然后关闭排水阀,再通过活塞杆对试样施加竖向压力,此时试样所受到的竖向主应力 $\Delta\sigma_1$ 大于水平向主应力 σ_3,当 σ_3 保持不变,而 $\Delta\sigma_1$ 逐渐增大时,最终试样会因受剪而发生破坏。设剪切破坏时由活塞杆加在试样上的竖向压应力为 $\Delta\sigma_{1f}$,则试样上的大主应力为 $\sigma_1=\sigma_3+\Delta\sigma_{1f}$,而小主应力为围压 σ_3,以 $(\sigma_1-\sigma_3)$ 为直径可以画出一个极限应力莫尔圆。通过对若干个试样(通常为 3 个以上)施加不同的围压 σ_3,并按上述方法分别进行试验,每个试样可以得出一个剪切破坏时的极限应力莫尔圆,再根据莫尔-库仑原理,作出这些极限应力莫尔圆的公切线,即为该试样的抗剪强度包线。通常可将抗剪强度包线近似看作一条直线,该直线的截距和斜率就是试样的黏聚力 c 与内摩擦角 φ。试样破坏时所受的主应力如图 4.6-3 所示。

4.6.2 试验方案

将每组试样分别置于围压 σ_3 为 100kPa、200kPa、300kPa、400kPa 条件下进行三轴固结不排水剪切试验。根据《土工试验方法标准》(GB/T 50123—2019),使用对开圆模将原状土样制成直径 39.1mm、高 80mm 的圆柱状试样。试样制备的具体步骤如下:

(1)先用钢丝锯和切土刀切取一块稍大于所需试样尺寸的土柱放在切土盘上下圆盘之间,然后用切土刀紧靠侧板由上往下仔细切削,边切削边转动圆盘,直至原状土样被削成所需的直径,进行切削时应尽量减少对原状土样的扰动。同时,可以使用制样后产生的散土对试样表面的凹坑进行填补。

(2)从切土盘中取出试样,按规定的高度使用对开圆模将试样两端削平。

(3)将制备好的试样放入塑料自封袋内并做标记,然后放入保湿皿内密封保存。

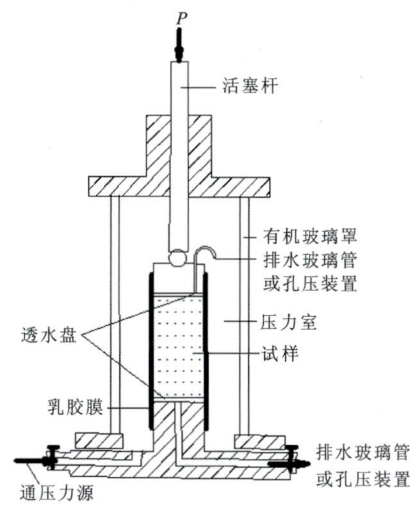 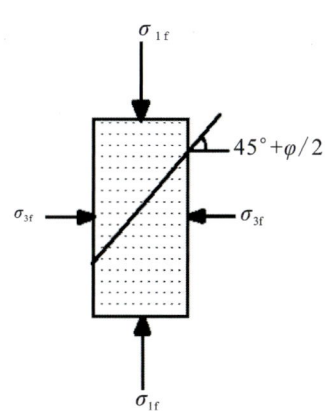

图 4.6-2　三轴试验压缩装置　　　图 4.6-3　试样破坏时的主应力图

4.6.3 应力-应变和强度特征

对三轴固结不排水剪切试验结果进行处理,得出原状黄土在不同围压条件下的应力-应变曲线和强度指标黏聚力 c、内摩擦角 φ,如图 4.6-4～图 4.6-9 和表 4.6-1 所示。应力-应变和强度特征分析如下:

(1)在不同围压(100kPa、200kPa、300kPa、400kPa)作用下,黄土的塑性应变增加了土样继续变形的阻力,土样呈现出明显的应变硬化现象。应变硬化是指在加载过程中,随着应变的增加,材料的抗剪强度逐渐增加的现象。在试验初期,黄土的初始刚性阶段可能表现为线性弹性行为,即应变与应力成正比。然而,随着加载的进行,黄土可能会发生塑性变形,颗粒之间的重新排列和变形会导致材料的抗剪强度增加。这种应变硬化现象可以通过应力-应变曲线来观察,曲线的斜率会逐渐增大。此外,黄土中的细粒颗粒可能会发生颗粒间的聚结,进一步增加黄土的抗剪强度。

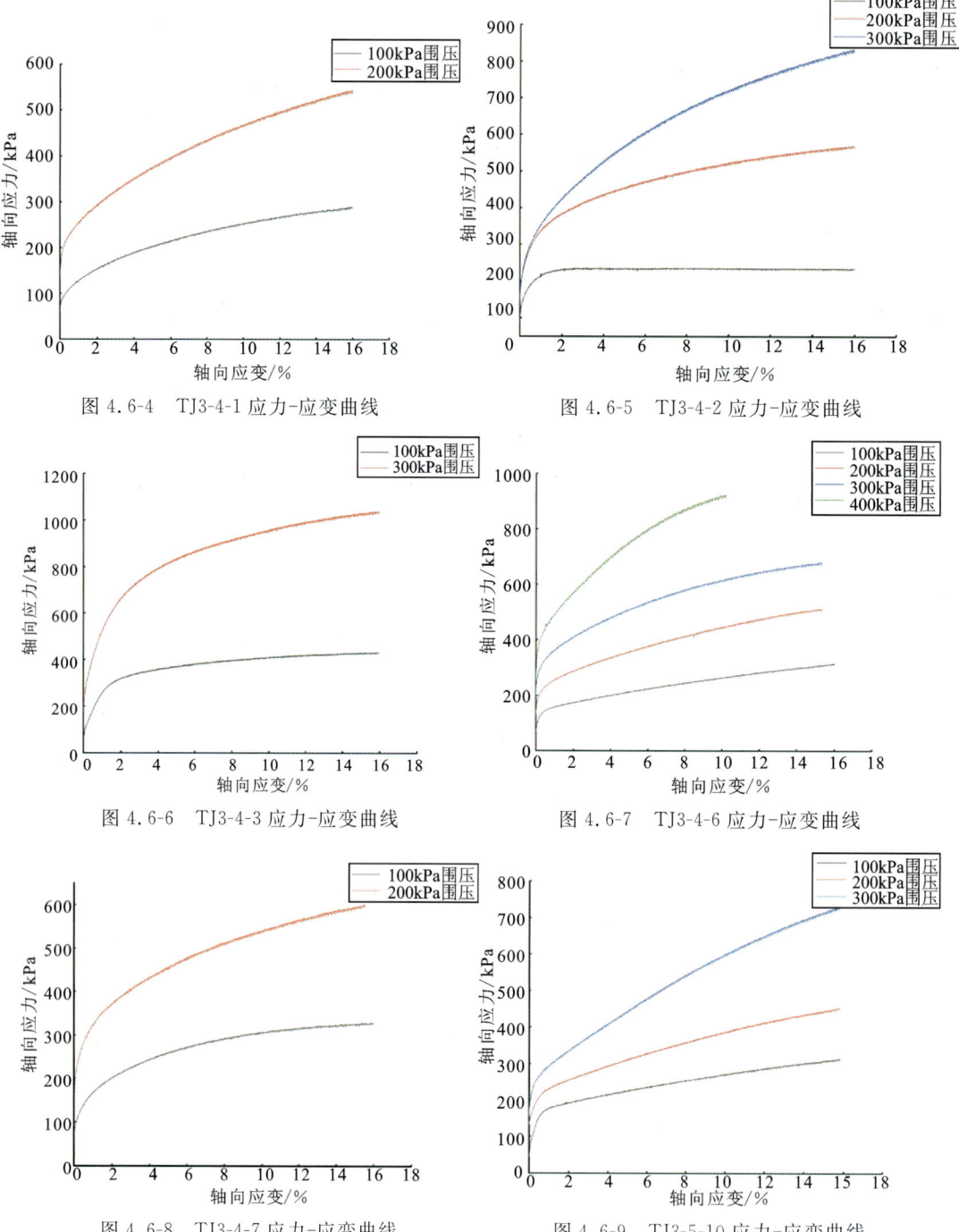

图 4.6-4　TJ3-4-1 应力-应变曲线

图 4.6-5　TJ3-4-2 应力-应变曲线

图 4.6-6　TJ3-4-3 应力-应变曲线

图 4.6-7　TJ3-4-6 应力-应变曲线

图 4.6-8　TJ3-4-7 应力-应变曲线

图 4.6-9　TJ3-5-10 应力-应变曲线

第 4 章　典型黄土滑坡物理力学指标特性分析

表 4.6-1　南湾组滑坡黏聚力 c、内摩擦角 φ 汇总表

土样编号—深度/m	黏聚力 c/kPa	内摩擦角 φ/(°)
TJ3-4-1—1	21.15	23.81
TJ3-4-2—2	21.3	22.12
TJ3-4-3—3	21.38	22.97
TJ3-4-4—4	21.54	24.52
TJ3-4-5—5	22.67	26.59
TJ3-4-6—6	22.76	17.26
TJ3-4-7—7	22.98	27.23
TJ3-5-3—3	19.97	20.03
TJ3-5-4—4	19.62	20.34
TJ3-5-6—6	19.59	22.11
TJ3-5-7—7	22.85	22.49
TJ3-5-9—9	22.92	22.54
TJ3-5-10—10	22.98	22.56
TJ3-5-11—11	23.12	23.84
TJ3-5-12—12	23.66	23.93
TJ3-5-13—13	24.12	22.49
TJ3-5-14—14	24.31	24.49

(2)通过观察应力-应变曲线可以发现,当应力达到一定程度时,黄土开始发生塑性变形,应力-应变曲线呈现出较为陡峭的上升趋势。此时,黄土的应变主要由颗粒之间的重新排列和变形引起。当应力继续增加时,黄土的应变逐渐趋于稳定,应力-应变曲线呈现出较为平缓的上升趋势。此时,黄土的应变主要由颗粒之间的微小位移引起。

(3)通过分析表 4.6-1 的数据可以发现,随着埋深的增加,黄土的黏聚力逐渐增大,因为埋深增加会增加土壤颗粒之间的接触面积,从而增加颗粒间的吸附力。另外,随着埋深的增加,黄土的含水率逐渐增大,而黄土的含水率对其黏聚力和内摩擦角有很大的影响。这是因为水分可以填充土壤颗粒之间的空隙,增加颗粒间的接触面积和吸附力,同时也可以增加颗粒间的摩擦阻力。黄土的内摩擦角是指土壤颗粒之间的摩擦阻力。随着埋深的增加,受到上方土层的压力作用,土体逐渐被压实,颗粒之间的接触面积增加,内摩擦力也会增大。同时,

黄土颗粒在受到外力作用时会发生变形,颗粒之间的变形程度增大,颗粒之间的接触面积增加,从而也增大了内摩擦力。

4.7 黄土的直接剪切特性

黄土的直接剪切特性一般通过固结快剪试验和饱和固结快剪试验测定。其中,黄土的固结快剪试验主要用于研究土壤在固结过程中的变形和破坏行为以及土壤在剪切加载下的力学性质,通常包括固结试验和剪切试验两个步骤。首先按照土工试验规格制备样品,然后施加垂直应力(通常通过加载重物或使用固结仪器)使土样发生固结,在固结过程中测量土样的应力和应变变化,以确定土样的固结特性,如固结应力、固结应变等。在土样固结完成后,将固结土样放置在剪切试验仪器中,施加水平应力进行剪切加载。通过测量剪切应力和应变的变化可以得到土样的剪切特性,如剪切强度、剪切模量等。

黄土的饱和固结快剪试验是指对饱和状态下的黄土进行固结和剪切特性的试验,用来评估黄土在饱和状态下的力学性质和稳定性。饱和固结快剪试验首先需要准备黄土样品,并将其充分浸泡在水中,使其达到饱和状态。然后将样品放置在试验仪器中,施加垂直和水平应力进行剪切加载。通过测量应力和应变的变化,可以得到黄土在饱和状态下的力学特性,如饱和剪切强度、饱和剪切模量等。

本次研究黄土的固结快剪和饱和固结快剪试验共测试334组,其中西吉县共测试108组,彭阳县共测试118组,隆德县共测试108组。

由图4.7-1～图4.7-4可以看出,天然和饱和状态下黄土的黏聚力和内摩擦角实测值有明显的离散分布特征,同一深度数据存在波动现象,这与土体的非均质性有关。整体来看,黄土黏聚力和内摩擦角的拟合曲线呈现随埋深增加而非线性增加的特征。这一现象与土体的固结程度有关,埋深增加会导致土体受到更大的垂直应力,从而增加土体的固结程度。因此,随着埋深的增大,黄土的黏聚力和内摩擦角也相应增加。

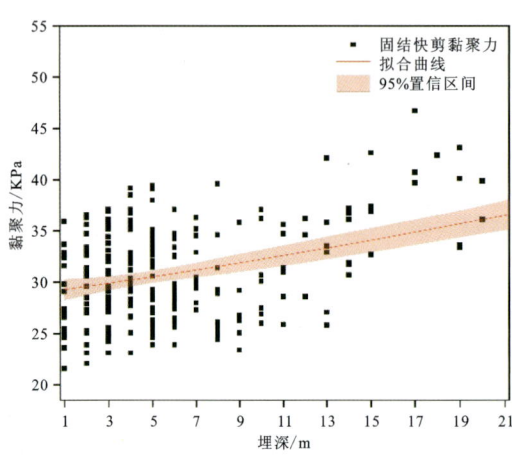

图4.7-1 黄土固结快剪黏聚力散点图

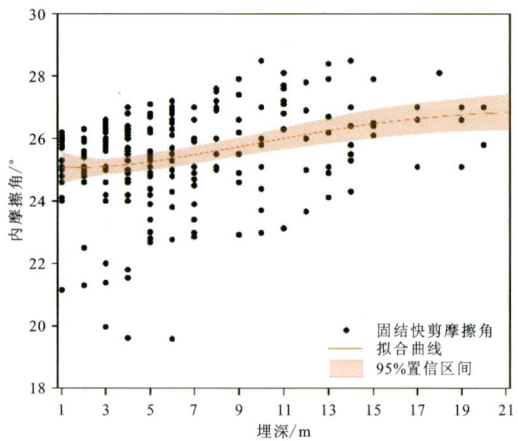

图4.7-2 黄土固结快剪内摩擦角散点图

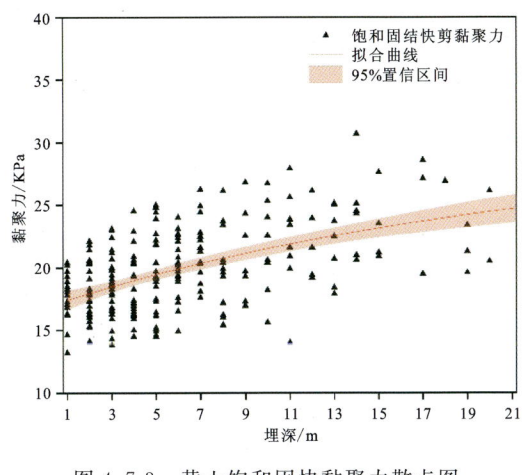
图 4.7-3　黄土饱和固快黏聚力散点图

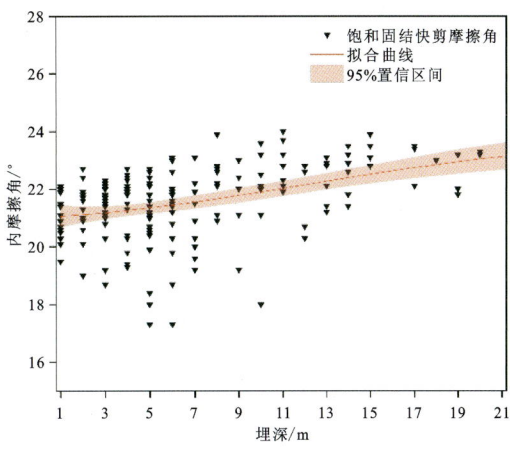
图 4.7-4　黄土饱和固快内摩擦角散点图

此外,固结快剪试验获得的土体黏聚力和内摩擦角比饱和固结快剪试验获得的数据大,天然状态下黄土的黏聚力和内摩擦角的平均值分别为 32kPa 和 26°,而饱和状态下黄土的黏聚力和内摩擦角的平均值分别为 21kPa 和 22°。这是因为饱和状态下土壤中的水分起到润滑作用,使土体颗粒之间的摩擦力减小,导致内摩擦角和黏聚力相对较小。

4.8　泥岩的物理力学特性

工作区泥岩强度特性共测试 30 组,其中南湾组滑坡测试 18 组,陈新村一组滑坡测试 12 组,测试结果见表 4.8-1、表 4.8-2。

表 4.8-1　南湾组滑坡泥岩强度指标

泥岩试样编号	深度/m	天然密度/(g·cm^{-3})	含水量/%	风化程度	直剪快剪黏聚力/kPa	直剪快剪内摩擦角/(°)	饱和慢剪黏聚力/kPa	饱和慢剪内摩擦角/(°)	无侧限抗压强度/kPa
ZK3-8-1	14.5	1.87	29.5	中风化	80.1	20.8	35.0	15.6	339.0
ZK3-8-2	17.5	1.96	23.6	强风化	65.8	21.6	34.0	16.6	74.0
ZK3-9-1	18.8	1.90	29.4	中风化	43.1	25.6	27.6	18.8	297.0
ZK3-9-2	21.8	1.90	20.0	强风化	57.3	29.8	29.1	20.7	107.0
ZK3-10-1	4.5	1.80	19.2	强风化					119.0
ZK3-10-2	5.0	2.04	25.8	中风化	57.4	23.1	37.7	18.1	259.0
ZK3-10-3	7.0	1.91	27.6	强风化	41.5	25.0	27.9	21.1	94.0
ZK3-10-4	9.0	1.87	27.7	强风化	45.3	24.8	29.6	22.5	109.0

续表 4.8-1

泥岩试样编号	深度/m	天然密度/(g·cm^{-3})	含水量/%	风化程度	直剪快剪黏聚力/kPa	直剪快剪内摩擦角/(°)	饱和慢剪黏聚力/kPa	饱和慢剪内摩擦角/(°)	无侧限抗压强度/kPa
ZK3-10-5	11.0	1.89	33.5	强风化	32.5	18.7	22.6	14.6	64.0
ZK3-10-6	13.0	1.86	40.1	中风化	34.9	18.0	23.5	13.5	271.0
ZK3-10-7	15.0	1.95	37.0	中风化	30.0	17.6	25.0	13.6	244.0
ZK3-10-8	24.4	1.84	24.9	中风化	37.6	24.0	18.6	20.3	257.0
ZK3-13-1	23.1	2.12	18.6	中风化	39.1	26.3	16.9	22.7	317.0
ZK3-14-1	12.8	2.13	18.8	强风化	42.1	25.8	22.1	18.3	124.0
ZK3-14-2	14.5	2.13	17.9	中风化	58.6	29.3	27.1	20.8	538.0
ZK3-14-3	17.8	2.06	21.9	中风化	36.7	22.1	23.7	16.2	264.0
ZK3-15-1	22.4	2.06	15.1	中风化	41.6	27.6	21.3	21.6	580.0
ZK3-16-1	10.7	2.02	22.8	强风化	39.2	23.9	21.7	18.6	86.0

表 4.8-2　陈新村一组滑坡泥岩强度指标

泥岩试样编号	深度/m	天然密度/(g·cm^{-3})	含水量/%	风化程度	直剪快剪黏聚力/kPa	直剪快剪内摩擦角/(°)	饱和慢剪黏聚力/kPa	饱和慢剪内摩擦角/(°)	无侧限抗压强度/kPa
TJ1-1-1	4.0	1.80	4.2	中风化					218.0
TJ1-2-1	4.0	1.61	11.1	强风化	32.2	25.4	10.5	21.6	146.0
TJ1-3-1	5.0	1.97	9.9	中风化			20.3	19.2	202.0
TJ1-5-1	5.0	1.98	7.9	强风化			17.5	20.0	177.0
TJ1-5-2	6.0	1.83	3.4	中风化			8.5	24.1	216.0
TJ1-5-3	7.0	1.86	3.7	中风化			5.9	25.5	257.0
TJ1-6-1	4.0	1.98	9.6	强风化			34.1	14.2	183.0
TJ1-7-1	3.0	1.93	8.2	中风化	47.6	27.9			342.0
TJ1-8-1	1.0	2.00	4.5	强风化					197.0
TJ1-9-1	5.0	2.13	8.5	中风化			34.9	24.1	311.0
TJ1-10-1	2.0	1.73	7.2	中风化	25.2	26.1			515.0
TJ1-10-2	3.0	1.70	10.6	中风化	75.4	28.1			264.0

由表 4.8-1、表 4.8-2 的数据可以看出，宁夏南部地区泥岩的天然密度在 1.61～2.13g/cm³ 之间，含水量在 3.4%～40.1% 之间，直剪快剪黏聚力在 25.2～80.1kPa 之间，内摩擦角的范围在 17.6°～29.8° 之间。然而，黏聚力还受到岩石成分、孔隙度、含水量等因素的影响，在不同地质条件下，泥岩的黏聚力可能会有所变化。在饱和状态下进行慢剪时，泥岩的黏聚力和内摩擦角数值比直剪快剪小。饱和状态下慢剪时泥岩的黏聚力范围在 5.9～37.7kPa 之间，内摩擦角的范围在 13.5°～25.5° 之间。

由于饱和状态下泥岩内存在大量的孔隙水，孔隙水填充岩石颗粒之间的空隙，减少颗粒之间的接触面积，从而降低了黏聚力。孔隙水的存在还会减小颗粒之间的摩擦力，导致内摩擦角减小。并且，在饱和状态下，孔隙水会产生一定的孔隙水压力，孔隙水压力对岩石颗粒施加一个向外的压力，从而减小了颗粒之间的有效应力，导致黏聚力和内摩擦角减小。此外，孔隙水会在颗粒之间形成润滑层，减小颗粒之间的摩擦力，从而导致内摩擦角减小。

泥岩的无侧限抗压强度受到岩石成分、结构、孔隙度等多种因素的影响，不同泥岩的强度差异可以很大。由表 4.8-1、表 4.8-2 可以看出，宁夏南部地区泥岩的抗压强度变化范围较大，强风化泥岩的无侧限抗压强度值在 64～197kPa 之间，中风化泥岩的无侧限抗压强度值在 202～580kPa 之间。泥岩的无侧限抗压强度受到多种因素的影响，其中泥岩的成分对其无侧限抗压强度有很大影响，不同的矿物组成和岩石结构会导致不同的强度特性。泥岩中存在大量的孔隙，较高的孔隙度会导致岩石内部的应力分布不均匀，从而降低其无侧限抗压强度。

4.9 小 结

本章在野外调查的基础上对典型滑坡进行取样，通过室内土工试验获取了宁夏南部地区黄土和泥岩的关键物理力学参数，包括天然密度、干密度、孔隙比、塑限、液限、粒径组成、压缩系数、湿陷系数、渗透系数、黏聚力和内摩擦角。

具体来讲，宁夏南部地区黄土的密度为 1.36～1.94g/cm³，干密度为 1.27～1.65g/cm³，含水率为 6.3%～17.5%，饱和度为 17.18%～75.1%，孔隙比为 0.64～1.14，相对密度为 2.7 左右，塑限为 16.18%～18.1%，液限为 26.2%～28.6%，塑性指数为 9.56～10.56，液性指数为 −0.97～0.03。随着埋深的增加，黄土的天然密度和干密度逐渐增大，孔隙比逐渐减小，饱和度逐渐增大，液限和塑限逐渐增大。黄土黏粒（<0.005mm）粒组所占比例为 10.36%～46.29%，粉粒（0.075～0.005mm）粒组所占比例为 53.34%～80.75%，砂粒（>0.075mm）粒组所占比例为 0.09%～14.90%。随着埋深的增加，粉粒和黏粒含量相应增加。

随着黄土取样深度的增加，黄土的压缩系数、湿陷系数和渗透系数不断减小，这一现象与黄土的孔隙比随埋深增加不断降低有关。埋深<6m 时，黄土湿陷系数>0.07 的比例较高，这表明强烈湿陷性黄土的比例较高。埋深>6m 时，黄土湿陷系数在 0.03～0.07 之间，这表明中等湿陷性黄土的比例明显增加。埋深<10m 时，黄土渗透系数离散性较大，67% 的实测渗透系数大于 0.0002cm/s，均值为 0.0003cm/s；埋深>10m 时，黄土渗透系数变化趋于稳定，均值为 0.00003cm/s。

天然状态下，黄土的黏聚力和内摩擦角平均值分别为 32kPa 和 26°，饱和状态下，黄土的黏聚力和内摩擦角平均值为 21kPa 和 22°。随着埋深的增加，黏聚力和内摩擦角也相应增大。三轴试验相比直接剪切的结果更小，天然状态下黄土的黏聚力平均值为 22.17kPa，内摩擦角为 22.9°。

宁夏南部地区泥岩的天然密度为 1.61~2.13g/cm^3。天然状态下泥岩黏聚力为 25.2~80.1kPa，内摩擦角为 17.6°~29.8°；饱和状态下泥岩黏聚力为 5.9~37.7kPa，内摩擦角为 13.5°~25.5°。由泥岩的无侧限抗压强度可以看出，宁夏南部地区泥岩的抗压强度变化范围较大，强风化泥岩的无侧限抗压强度为 64~197kPa，中风化泥岩的无侧限抗压强度为 202~580kPa。

第 5 章　典型黄土斜坡现场降雨入渗试验研究

5.1　试验背景和目的

国内外学者针对降雨诱发滑坡的研究已有数十载,对孕灾因素、降雨阈值、运动过程、内在成因进行了大量的探讨和探索,成果众多。总体来看,研究集中于区域降雨诱发滑坡的空间分布、对前期降雨的统计学分析和静态观测、滑坡体的动力学归纳、滑坡机理的宏观定性分析以及灾害的防治对策等方面,而针对降雨条件下斜坡内部的物理与水理动态变化规律、雨水入渗途径和运移方式、滑动面及内部裂隙的扩展延伸缺少系统、细致、定量的研究。

实验室模型试验存在一定的局限性,如尺寸效应、土体结构效应等,直接影响黄土斜坡的渗流响应和破坏特征。为了解降雨在土体中的运移情况,掌握降雨诱发滑坡的致灾机理,探索降雨诱发滑坡启动阈值,进行现场降雨入渗试验,记录表浅层入渗过程、研究降雨入渗机理、分析滑动过程,以此来探讨坡体对降雨的响应情况,对研究降雨诱发滑坡机理以及构建预警预报模型具有重要意义。本研究现场降雨入渗试验主要有以下几个目标:

(1)获取宁夏地质灾害高风险区典型黄土斜坡降雨入渗过程中坡体孔隙水压力、体积含水率、基质吸力、地表和深部位移等多场变化特征;通过地球物理探测技术,分析降雨作用下的黄土水分入渗情况。

(2)获取不同降雨条件下天然黄土体的渗透深度,明确黄土斜坡变形破坏的饱和面厚度特征。

(3)分析降雨作用下斜坡体内地下水渗流场和土体物理力学性质变化规律以及其对斜坡稳定性变化的影响,揭示黄土斜坡的变形破坏机理。

5.2　试验场地

5.2.1　试验区简介

试验点位于南湾组滑坡东侧,地理坐标为 E105°52′34.63″,N35°56′45.28″(图 5.2-1)。场地所在位置原始斜坡微地貌为田坎陡坡。斜坡坡向约 236°,坡度 40°。坡表生长杂草,场地底部为平台,平台西部紧邻泥结路面。场地北侧为人工分级削坡平台,可见泥岩出露(图 5.2-2)。

坡体岩性从上到下分为以下 3 层(图 5.2-3):①黄土状粉土。褐黄色,稍湿,松散,可塑,

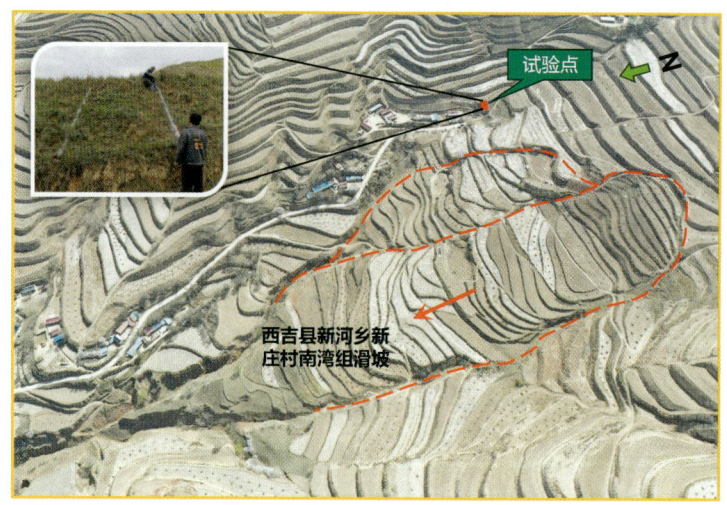

图 5.2-1　西吉县硝河乡新庄村试验点位置图

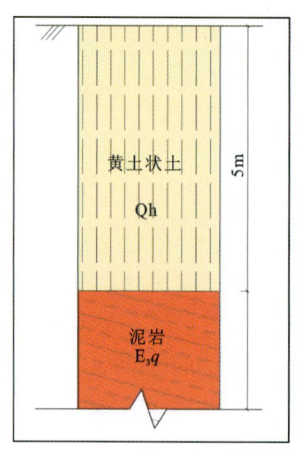

图 5.2-2　硝河乡新庄村试验点周边泥岩出露

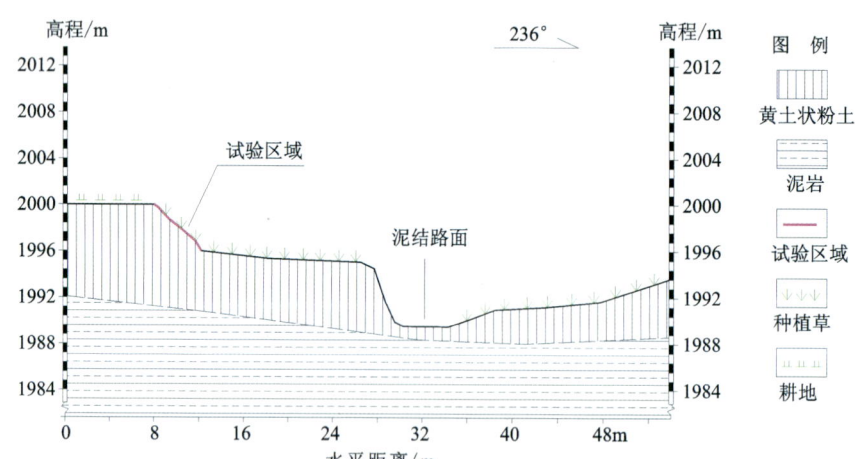

图 5.2-3　硝河乡新庄村试验点工程地质剖面图

成分以粉粒物为主,黏粒物次之,局部偶见腐殖质,摇振反应中等,厚度约5m。顶部含少量植物根系,岩芯呈散状、土柱状。②泥岩。褐红色,以黏土矿物为主,部分泥质、砂质碎块和泥质胶结物,为黄土层与泥岩砂岩接触带破碎,湿时手可折断,岩芯呈碎块状。

5.2.2 试验装置简介

1. 人工模拟降雨系统

1)喷头的选择与布设

XHZ-JY102人工模拟降雨系统设备是专门为科研试验研制开发的一种喷射型人工仿真降雨设备,是水土流失监测系统设备最主要的组成部分。降雨喷头是人工模拟降雨设备的核心部件,也是降雨设备能否很好地仿真自然降雨各种特性的关键因素。该人工模拟装置所配备的为垂直下喷式降雨喷头(图5.2-4)。此种喷头的工作原理是带压水柱催动内置芯子高速旋转形成雨滴,呈圆锥形状散开下落。喷头由壳体、喷嘴和旋转芯子3个部分组成。不同孔径喷头组合叠加,组成雨强连续变化的喷头组。喷头组按菱形布设,形成雨区。此种喷头的优点是所模拟雨强变幅可达8~200mm,雨滴大中小相结合,带有一定初速度,均匀性较高,与自然降雨十分接近。

图5.2-4 垂直下喷式降雨喷头及部件

该喷头组分别由1♯(喷嘴直径9mm)、2♯(喷嘴直径11mm)、3♯(喷嘴直径13mm)喷头叠加组合,形成一组雨强连续变化的喷头组,喷头参数如表5.2-1所示。

表5.2-1 降雨喷头参数表

参数	1♯喷头	2♯喷头	3♯喷头
降雨半径/m	2.5~3	3~3.5	3.5~4
喷头工作压力/MPa	0.15~0.25	0.16~0.27	0.15~0.25
流量/(L·h^{-1})	143~192	173~255	226~455

各喷头喷射角为44°,叠加可形成10.0~200mm/h连续变化雨强(图5.2-5)。喷头布设方式:1♯、2♯、3♯喷头为一个喷头组,3个喷头组空间上降雨面积3重重合叠加,使降雨区内雨强均匀、一致(图5.2-6)。另外,在顶部喷头供水设计上采用管道几何中心注水法,两级平

衡分配水量,使给水管道中心喷头与降雨边缘喷头流量尽可能一致,从而使降雨更加均匀。

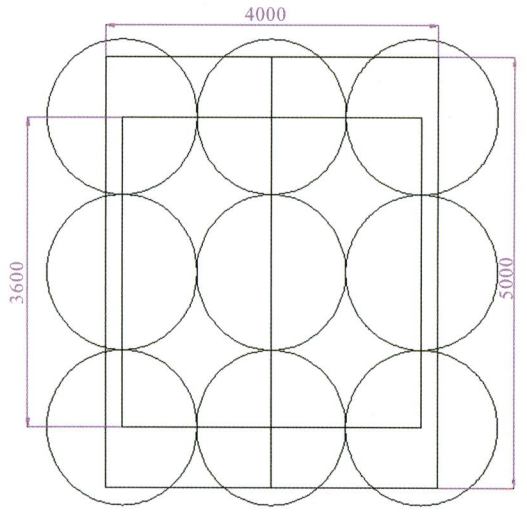 

图 5.2-5　喷头及喷头组布设示意图(单位:mm)　　图 5.2-6　喷头喷射空间叠加确保降雨均匀度

经过多次率定试验,所喷雨滴粒径、降雨动能与天然降雨十分接近。其中,2♯喷头 0.17MPa 时雨强喷射投影曲线见图 5.2-7,从图中可以看出降雨区有很好的均匀性。

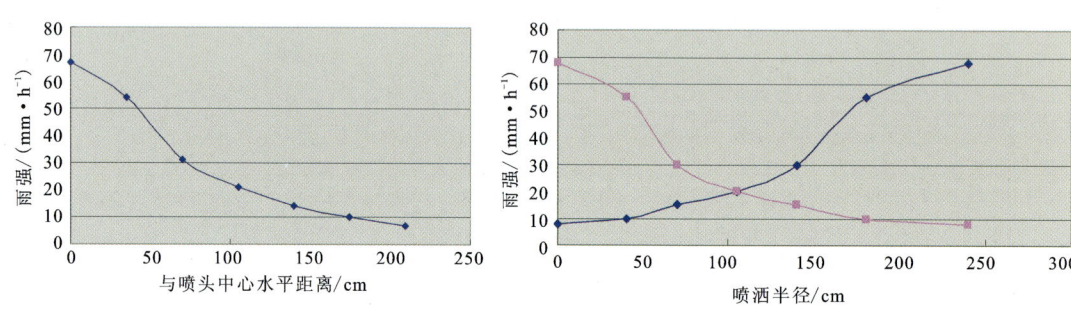

图 5.2-7　2♯喷头 0.17MPa 时雨强喷射投影曲线图

2)系统组成流程

便携式人工模拟降雨器由主控制器、供水管路、水箱、降雨喷头和雨量计及数据下载分析软件等组成。便携式人工模拟降雨器的供水管道采用免生锈的食品卫生级不锈钢管,并配以不锈钢水质颗粒物过滤器,这样既避免了模拟喷头长期使用造成阻塞,又美观、牢固。便携式人工模拟降雨器组成流程见图 5.2-8。

3)控制系统原理

人工模拟降雨控制系统采用闭环自动控制技术,配备了高灵敏雨量计,以终端实际降雨参数控制降雨过程,即以现场实际测量的雨量值与试验设定值之差变步长无限逼近设定值来控制调节雨强,这样既可排除系统率定误差及管路、喷头偶然因素对降雨影响,又能很好地消除水滞后惯性波动。逼近式控制法的最大特点是雨强调控平稳、快速。人工模拟降雨控制系统原理如图 5.2-9 所示。

第 5 章 典型黄土斜坡现场降雨入渗试验研究

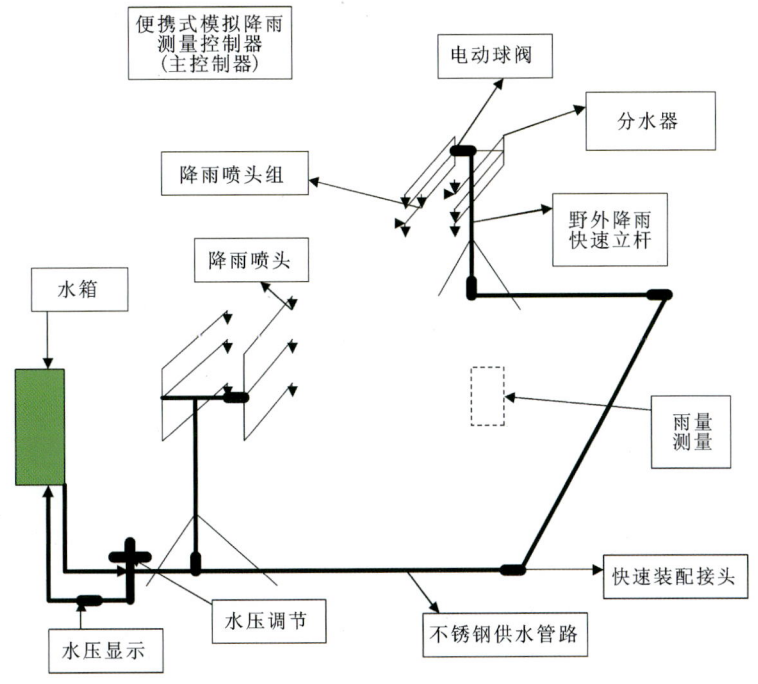

图 5.2-8　便携式人工模拟降雨器组成流程图

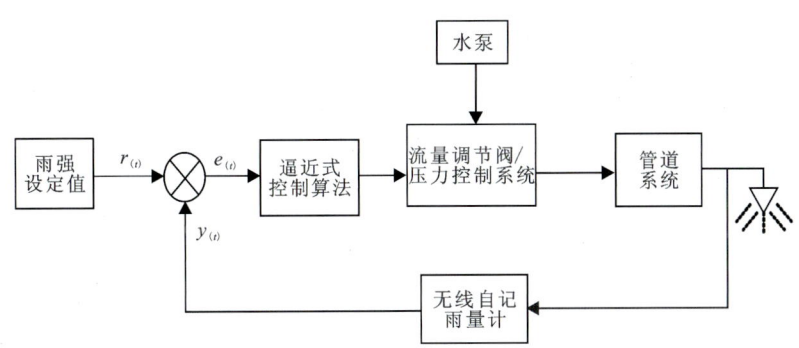

图 5.2-9　人工模拟降雨控制系统原理图

$r_{(t)}$.设定雨强；$e_{(t)}$.调节雨强；$y_{(t)}$.实际雨强

2. 监测仪器介绍

1）土压力计

本次研究采用 BW 型土压力盒（图 5.2-10），具体参数如下：

(1) 量程 150kPa；直径 60mm；厚度 19mm。

(2) 准确度误差≤0.5F·S。

(3) 接桥方式为全桥；桥路电阻 350Ω；超载能力 120%。

(4) 防水性能为可以在饱和水介质中工作。

(5) 接线方法为红—电源+蓝—电源、绿—信号+黑—信号—屏蔽线接地。

固定式测斜仪的工作原理为重力加速度计测量地球引力在测量方向上的分量,可同时测量 x、y 两个方向倾斜变化,从而计算得出该点的倾斜方向与倾斜角度,并可直接挂接总线连接 GPRS-A 无线数据采集仪(图 5.2-13)进行自动化数据采集。

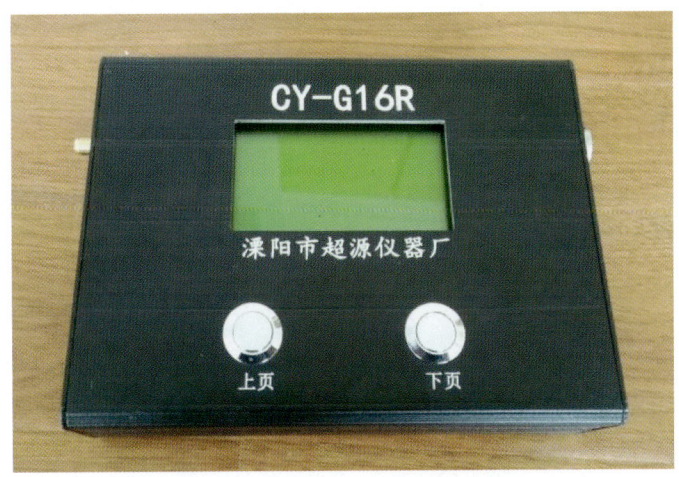

图 5.2-13　GPRS-A 无线数据采集仪

4)体积含水率计

本次研究采用土壤温度水分变送器(485 型)(图 5.2-14),该传感器适用于土壤温度以及水分的测量,与德国原装高精度传感器比较和土壤实际烘干称重法标定证实,仪器精度高,响应快,输出稳定,受土壤含盐量影响较小,适用于各种土质,可长期埋入土壤中,耐长期电解和腐蚀,抽真空灌封完全防水。测量使用时钢针必须全部插入土壤里。

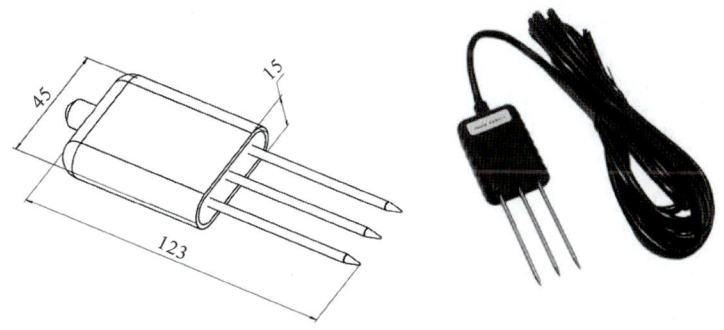

图 5.2-14　土壤温度水分变送器(485)型

5)张力计

张力计由陶土头、塑料管、集气管、数据采集盒等组成(图 5.2-15)。

6)YBY-4010 型应变测试分析系统

YBY-4010 型应变测试分析系统(图 5.2-16)是一种对各种电阻应变计及应变式传感器,包括全桥、半桥、四分之一桥,进行应变测试的分析系统。本系统全机采用全新设计,选用 320×240 液晶显示屏,能同时采集和显示 20 个通道的全部数据(图 5.2-17、图 5.2-18)。系统实现了两种操作方式，即人工测读和电脑自动采集。

图 5.2-15　张力计构造图及现场照片

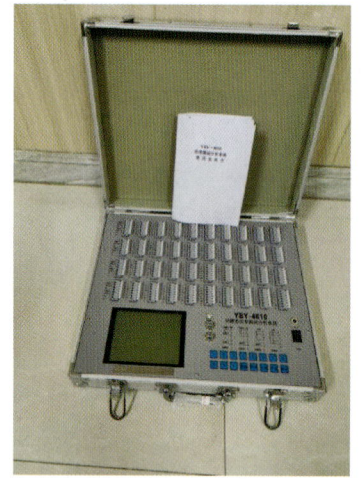

图 5.2-16　YBY-4010 型应变测试分析系统

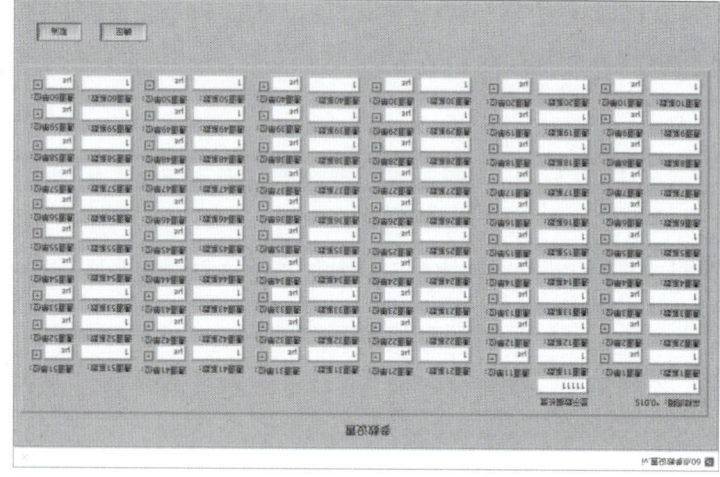

图 5.2-17　YBY-4010 型应变测试分析系统参数设置窗口

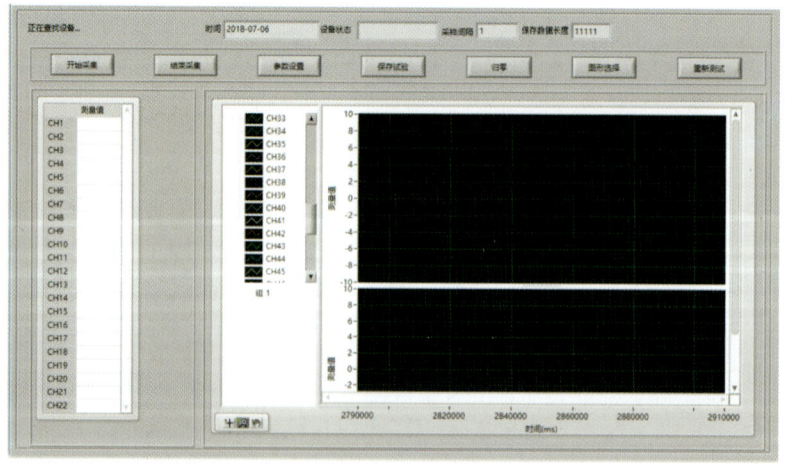

图 5.2-18　YBY-4010 型应变测试分析系统电脑端测量窗口（波形图）

7)视屏监控设备

本试验使用 TP-LINK 太阳能监控(TL-IPC633L-A4G)(图 5.2-19),进行 24 小时全程录像,记录试验坡面变形破坏的全过程。该视屏监控设备存储方式为硬盘、扩展存储卡;视屏查看方式为 APP/PC 网络查看;防水等级为 IP66;适用面积为 81~200 m^2;夜视类型为全彩夜视;像素为 400 万;供电方式为太阳能供电;类别为球机监控。

图 5.2-19　TP-LINK 太阳能监控(TL-IPC633L-A4G)

5.3　试验场地搭建

现场入渗试验场地搭建过程中,前后进行了场地平整→预埋截水铁片→开挖集水渠和集水池→设备及附属设施安装→仪器埋设 4 个步骤。

(1)场地平整。为保证降雨入渗效果,场地放线后(图 5.3-1),人工去除场地表层杂草植被、覆土等,厚度约 20cm。

(2)预埋截水铁片(图 5.3-2)。试验场地长×宽为 4m×3m,本次重点观察试验区域内土体降雨入渗规律,因此设置了截水边界。在试验区两侧预埋隔水铁皮,铁皮尺寸 0.5m×4m,埋置深度 0.4m,外露 10cm。场地后缘开挖截水区,拦截坡面上游来水。

图 5.3-1　场地放线　　　　　图 5.3-2　预埋截水铁片

(3)开挖集水渠和集水池。在场地前缘和右侧各开挖一条集水渠,在场地前缘开挖一个集水池,以便收集降雨区的全部地表径流。集水渠宽约 20cm、深 10cm,集水池的尺寸为1.0m×1.0m×1.0m,内侧均用水泥抹面。试验期间可通过集水渠将地表径流全部引入集水池。

(4)设备及辅助设施安装。试验场地搭设降雨桁架,平面尺寸 4m×5m(长×宽)。其中,桁架短边平行坡向搭设,长边垂直坡向搭设,立柱距离试验区域横向边界各 1m。桁架前缘高 6m,埋深 0.6m;后缘高 4m,埋深 0.5m。降雨系统搭建过程为组装桁架→分层搭建→警示牌、照明等附属设施安装→固定水箱→安装挡风网等(图 5.3-3～图 5.3-5)。为测试坡面有效渗水量,在坡体前缘开挖截水沟,通过引水沟导入积水槽,集水槽尺寸 1m×1m×1m。

图 5.3-3　组装桁架

图 5.3-4　桁架搭设

图 5.3-5　降雨桁架

(5)仪器埋设。试验场地 3m×4m 的降雨区整理完备后,在场地前部、中部和后部 3 个位置开挖钻孔,孔径 75mm。在不同深度埋置测斜仪、土压力计、体积含水率计、孔隙水压力计以及张力计 5 种传感器(图 5.3-6)。

(a)坡面扫孔

(b)土压力计安装

(c)安装监控设备

图 5.3-6　监测仪器埋设

5.4　试验工况

5.4.1　降雨标定

在降雨试验前,为了控制试验雨强,需要对降雨控制系统的雨强进行标定。

标定原理:测试不同喷头的组合在不同压强控制下的降雨强度,逼近目标值。

标定方法:①在斜坡坡上均匀放置 9 个量杯,测试持续 20min 降雨后的平均高度。②根据降雨系统自带雨量计,持续降雨 20min,观测不同压强控制下稳定的实时雨强。现场降雨标定见表 5.4-1、图 5.4-1。

表 5.4-1　现场降雨标定结果

压强/kPa	雨强/(mm·h^{-1})			
	大喷头	中喷头	小喷头	小喷头+中喷头
20			15	
25			20	
30		18	22	
45			24	

续表 5.4-1

压强/kPa	雨强/(mm·h^{-1})			
	大喷头	中喷头	小喷头	小喷头＋中喷头
50	117	20	27	60
65	93	32	27	45
70				55
85		34		
90		35		
95				52
100		40		65

 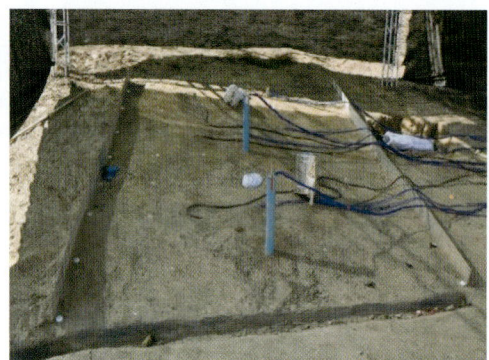

图 5.4-1　现场降雨强度标定

5.4.2　降雨工况

现场降雨入渗试验的主要目的是监测降雨入渗过程中黄土斜坡的多场变化特征，分析降雨诱发黄土斜坡变形失稳机理。

结合中国气象局对降雨等级的划分（表 5.4-2），使用递增小时降雨强度 20mm/h、30mm/h、40mm/h、50mm/h，以及隆德县、西吉县实际日最大降雨过程作为现场降雨入渗的降雨工况，结合设置后缘优势渗流通道、切坡、加载等扰动工况，探究降雨作用下斜坡稳定性变化及失稳机理。

表 5.4-2　中国气象局对降雨等级划分

降雨等级	描述
小雨	12h 内降水量小于 5mm 或 24h 内降水量小于 10mm 的降雨过程
中雨	12h 内降水量 5~15mm 或 24h 内降水量 10~25mm 的降雨过程
大雨	12h 内降水量 15~30mm 或 24h 内降水量 25~50mm 的降雨过程

第 5 章　典型黄土斜坡现场降雨入渗试验研究

续表 5.4-2

降雨等级	描述
暴雨	12h 内降水量 30～70mm 或 24h 内降水量 50～100mm 的降雨过程
大暴雨	12h 内降水量 70～140 mm 或 24h 内降水量 100～250mm 的降雨过程
特大暴雨	12h 内降水量大于 140 mm 或 24h 内降水量大于 250mm 的降雨过程

本研究设计的工况如下（表 5.4-3）：

（1）小雨工况试验施加 A 型降雨工况，进行递增式短时临近降雨降雨入渗试验，目的是分析不同降雨强度下斜坡多场变形特征。

（2）暴雨工况试验施加 B 型降雨，研究百年一遇超强降雨对滑坡的影响。

（3）暴雨+坡面裂缝试验施加 B 型降雨，同时打开后缘裂隙进行灌水处理，研究存在优势渗流通道（后缘裂缝）条件下的滑坡失稳机制。

（4）暴雨+坡面及坡顶裂缝+前缘切坡工况试验施加 B 型降雨，同时进行前缘切坡处理，研究切坡在滑坡变形失稳中的作用。

表 5.4-3　现场降雨入渗试验降雨工况设置

降雨工况	降雨量/mm	降雨时长/h	各小时雨强/(mm·h^{-1})					
			第 1 小时	第 2 小时	第 3 小时	第 4 小时	第 5 小时	第 6 小时
A	100	6	10	15	15	30	15	15
B	260	6	50	50	40	40	40	40

依次在试验场地（图 5.4-2）进行以上 5 组试验，待斜坡滑动后终止。每组试验的间隔时间为 1～2d，根据试验情况动态调整。试验前，为观察坡表位移变化特征，布设观测点，采用白色大头钉，扎入坡面 10cm，横纵间距均为 0.5m，均匀布设于整个坡面。试验持续 7d，进行到设计的暴雨+坡面及坡顶裂缝+前缘切坡工况试验时，斜坡整体发生滑动，试验结束。

图 5.4-2　试验区全貌照片

试验结果如下：

（1）小雨工况试验模拟间歇式不同强度的单一降雨工况下黄土水分渗透规律。第一组降雨后，坡面可见冲刷迹象，局部形成一定的坡面径流，经前缘截水渠排入导流槽（图 5.4-3）。

（2）暴雨工况试验模拟历史极值单一降雨工况。降雨后，可见坡面冲刷加剧，并形成较大面积的坡面径流，经前缘截水渠排入导流槽（图 5.4-4）。

（3）暴雨＋坡面裂缝工况试验开设两条后缘裂缝，长 1m、宽 10cm、深 30cm。降雨后可见坡面冲蚀进一步加剧，随着雨水顺裂缝渗入坡体，浅表层逐渐饱和（图 5.4-5）。

图 5.4-3　小雨工况试验　　　　　　图 5.4-4　暴雨工况试验

图 5.4-5　暴雨＋坡面裂缝工况试验

（4）暴雨＋坡面及坡顶裂缝＋前缘切坡工况试验在坡体前中部设置裂缝，并在前缘进行人工切坡开槽，高度 2m（图 5.4-6～图 5.4-8）。随着降雨入渗，前缘临空面逐渐塌落，形成牵引溯源重力侵蚀。伴随着持续降雨，斜坡浅表层逐渐土体饱和，发生较大面积垮塌，最终浅层土体溃散，整体滑动（图 5.4-9）。滑体前缘厚 0.8m，后缘厚 0.25m，平均厚度 0.58cm。

第 5 章 典型黄土斜坡现场降雨入渗试验研究

图 5.4-6 暴雨＋坡面及坡顶裂缝＋前缘切坡工况中部裂缝　　图 5.4-7 暴雨＋坡面及坡顶裂缝＋前缘切坡工况前缘削坡开槽

图 5.4-8 暴雨＋坡面及坡顶裂缝＋前缘切坡工况试验

图 5.4-9 斜坡浅层滑动

5.5 数据采集

西吉县新庄村试验中,体积含水率、张力计等数据采集时间间隔均设置为 2s;而初始孔隙水压力、土压力、测斜等数据采集时间间隔为 10s,有滑动迹象后,采集时间间隔调整为 2s(图 5.5-1)。

在试验开展过程中,实时读取集水池的水深,结合降雨量计算降雨过程中的雨量入渗和地表径流情况。将采集的数据进行分类处理,依据每次降雨分别生成各类监测数据与降雨持续时间关系图。

图 5.5-1　数据采集界面展示

5.6　岩土性质测试

5.6.1　单环渗透试验

为获取浅层土体的渗透性,采用单环渗透试验(图 5.6-1)计算渗透系数。试验步骤如下：

(1)根据地质测绘资料,选择试验场地挖掘试坑,试坑直径 60cm,利用已有的探槽、浅井在坑底挖一个深 15~20cm 的注水试坑。将环刀压入坑底部土壤 5cm(或将金属环底端与土体密切接触),环外间隙回填黏土并捣实,避免环内的水从金属环与岩土接触处漏出。坑底部铺设一层 2~3cm 厚的粒径为 5~10mm 的砾石或碎石作为反滤层,以保证底部岩土不受冲击。

(2)在试环内壁设置一长 20cm、分度值为 1mm 的标尺,标尺零点与深坑底反滤层表面平齐。试验时人工控制环内水柱高度保持在 10cm。

(3)开始读数时应记录时间,先每隔 5min 量测一次,并连续量测 5 次。之后每隔 20min 量测一次并至少连续量测 6 次。

(4)当连续 2 次量测的注水流量之差不大于最后一次流量的 10% 时,试验即可结束。取最后一次注入流量作为计算值。

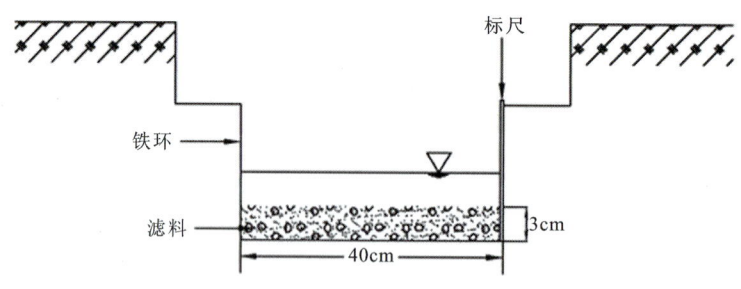

图 5.6-1　单环试验试坑剖面图

降雨入渗试验过程中,在场地附近进行了一组单环渗透试验。根据单环入渗测试结果,水分入渗速率随时间持续而逐渐降低在185min后趋于稳定,20min下降高度2.0cm,即测定渗透系数为0.016 7mm/s。

5.6.2　现场大重度试验

现场大重度试验采用灌水法(图5.6-2),先测定土的密度后再转化为重度。试验点选定在斜坡中前缘。灌水法具体步骤如下:

(1)根据试样最大粒径,确定试坑尺寸。

(2)将选定试验处的试坑地面整平,除去表面松散的土层。

(3)按确定的直径划出坑口轮廓线,在轮廓线内下挖至要求深度,边挖边将坑内的试样装入盛土容器内,称量试样质量,准确到10g,并测定试样的含水率。

(4)试坑挖好后,放上相应尺寸的套环,用水准尺找平,将大于试坑容积的塑料薄膜袋平铺于坑内,翻过套环压住薄膜四周。

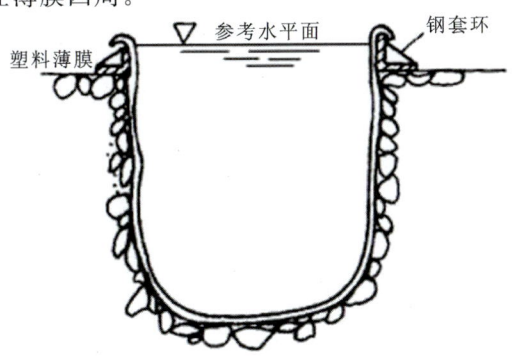

图5.6-2　大重度试验灌水法示意图

(5)记录储水筒内初始水位高度,拧开储水筒出水管开关,将水缓慢注入塑料薄膜袋中。当袋内水面接近套环边缘时,将水流调小,直至袋内水面与套环边缘齐平时关闭出水管,持续3～5min,记录储水筒内水位高度。当袋内水面出现下降时,应另取薄膜塑料袋重做试验。

降雨入渗试验过程中,在场地附近各进行了3组大重度试验。试验区附近浅层土平均重度为13.55kN/m³。

5.6.3　岩土物理力学指标试验

根据区域资料及本次现场钻探,西吉县新庄村试验点出露地层主要有第四系全新统(Qh)黄土状粉土,古近系清水营组(E_3q)泥质砂岩、泥岩,按照由新到老的顺序叙述如下。

1. 第四系全新统黄土状粉土

黄土状粉土呈褐黄色,稍湿,松散,可塑,成分以粉粒物为主,黏粒物次之,局部偶见腐殖质,摇振反应中等,土质较均匀,刀切面具光泽,垂直节理发育。顶部含少量植物根系,岩芯呈散状、土柱状,为坡顶坡积土。钻孔揭露厚度1.9～13.5m(表5.6-1、表5.6-2)。

表 5.6-1　试验场地岩土物理力学指标表

	统计项目	最小值	最大值	平均值
黄土状粉土（Qh）	天然含水率/%	11.9	31.3	23.0
	天然密度/(g·cm^{-3})	1.32	2.07	1.73
	干密度/(g·cm^{-3})	1.04	1.75	1.41
	孔隙比	0.540	1.593	0.943
	饱和度/%	44.3	98.7	66.5
	液限/%	22.3	31.4	28.6
	塑限/%	14.6	22.4	18.6
	湿陷系数	0.002	0.008	0.004
	内摩擦角/(°)	7.9	19.0	16.2
	黏聚力/kPa	6.3	24.2	18.6
泥质砂岩（E_3q）	天然含水率/%	9.6	19.8	12.3
	天然密度/(g·cm^{-3})	2.01	2.18	2.08
	颗粒密度/(g·cm^{-3})	2.68	2.70	2.69
	饱和度/%	59.4	90.0	73.0
	内摩擦角/(°)	17.7	26.5	21.3
	黏聚力/kPa	12.0	25.1	17.6

表 5.6-2　试验区天然和饱和状态下岩土体力学参数综合取值表

状态	强度指标	黄土状粉土	碎裂状泥岩	泥质砂岩	泥岩
天然	黏聚力/kPa	18.6	26.6	40.8	17.1
	内摩擦角/(°)	16.2	21.6	25.5	21.3
	重度/(kN·m^{-3})	17.3	20.1	21.0	20.8
饱和	黏聚力/kPa	13.6	21.6	35.8	12.1
	内摩擦角/(°)	13.2	18.6	22.5	18.3
	重度/(kN·m^{-3})	22.2	24.1	24.3	23.9

2. 古近系清水营组泥质砂岩

泥质砂岩呈红褐色，砂质结构，层理构造，风化强烈，成分以石英、长石为主，泥质胶结，胶结一般，锤击声哑、易碎，岩芯呈块状、短柱状，钻孔揭露厚度 4.0～24.0m。

泥岩呈褐红色,泥质结构,裂隙较发育,以黏土矿物为主,部分泥质碎块碎屑和泥质胶结物,岩质较软,锤击声哑、易碎,岩芯多呈短柱状。其中24.0m夹青灰色砂岩薄层,岩芯呈短柱状钻孔未揭穿。

5.6.4 地球物理探测试验

高密度电法可用于探测及监测黄土中水的分布及变化特征。为探究工作区黄土在降雨作用下的渗透情况,通过现场设置高密度电法剖面对隆德县民联村试验场地进行监测。该方法一般在均质、各向同性的水平均匀地质体上进行,且电阻率值是电极距的函数。但在实际工作中,由于地形起伏、接地条件不良以及电极实际位置偏离设计位置等情况,测得的视电阻率断面与实际模型不符,因而有必要对原始数据作相关预处理,如数据拼接、地形校正、剔除虚假点等。由于电极数量有限,故各剖面分别进行3次滚动测量,后经数据合并处理得到一个完整剖面。本次数据处理采用瑞典高密度电法处理软件Res2Dinv进行正反演计算并成图,经试验,迭代2~5次后的反演结果最接近实际情况,拟合误差均低于10%,故本次反演采用迭代2~5次后的结果。本次试验使用的高密度电法仪器见图5.6-3。

图5.6-3 本次试验使用的高密度电法仪器

5.7 结果分析

南湾组滑坡共开展4种降雨工况入渗试验,通过布设在自然斜坡上的多类型传感器观察不同降雨强度、降雨持续时间、设置裂缝和前缘开挖条件下的滑坡体积含水率、孔隙水压力、土压力、深部位移和基质吸力的变化情况,具体结果及相关分析如下。南湾组滑坡降雨入渗试验现场仪器埋设位置及编号见表5.7-1、图5.7-1、图5.7-2。

表 5.7-1 南湾组滑坡降雨入渗试验现场仪器埋设位置及编号表

埋设位置	埋设深度/m	体积含水率测试仪器编号	土压力测试仪器编号	孔压力测试仪器编号	张力计测试仪器编号	测斜仪测试仪器编号
坡顶	0.5	1	1	1		1
	1	2	2	2		2
	1.5	3	3	3		3
	2.5	4	4	4		4
	3.5	5	5	5		5
坡中	0.5	6	6	6		6
	0.8				16	
	1	7	7	7		7
	1.2				17	
	1.5	8	8	8		8
	2.5	9	9	9		9
	3.5	10	10	10		10
坡脚	0.5	11	11	11		11
	1	12	12	12		12
	1.5	13	13	13		13
	2	14	14	14		14
	2.5	15	15	15		15

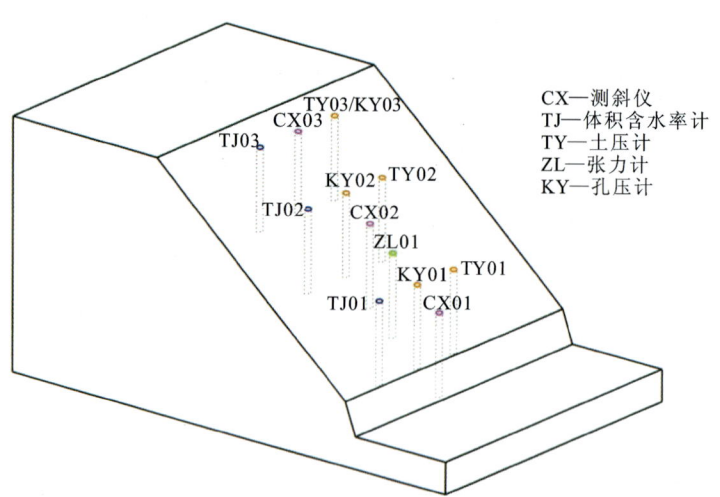

图 5.7-1 南湾组滑坡试验场地仪器埋设位置及编号示意图

第 5 章 典型黄土斜坡现场降雨入渗试验研究

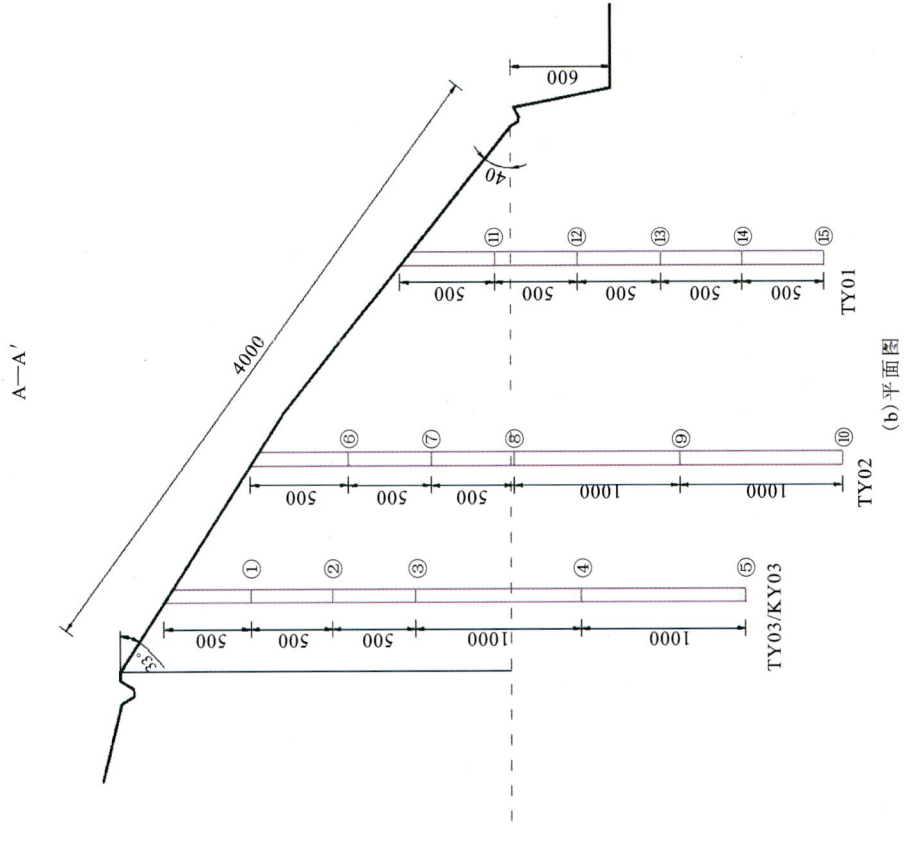

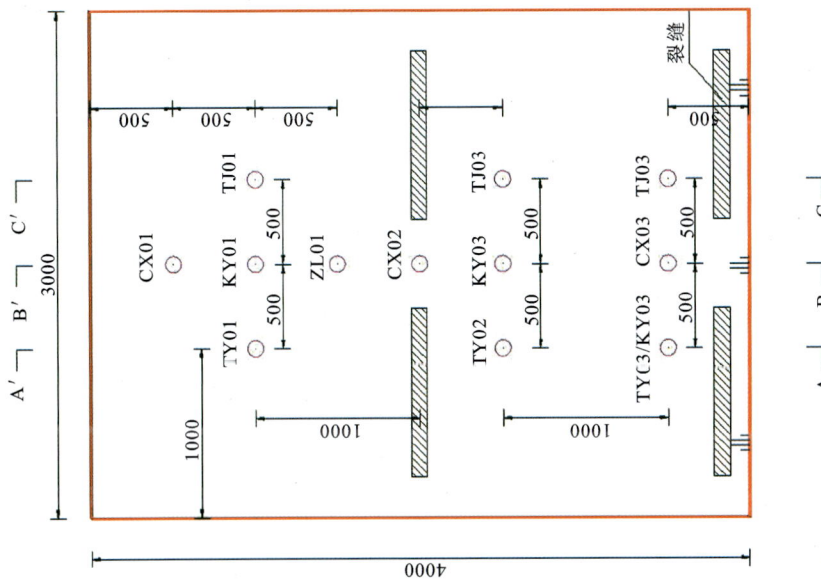

图5.7-2 仪器埋设平剖面示意图

1. 体积含水率分析

1) 小雨工况

小雨工况主要用来模拟工作区自然斜坡在中小雨强工况下的体积含水率变化特征。试验持续时长约36h,其中降雨持续时间6h,降雨总量100mm。

小雨工况开始前,3处体积含水率监测点15个传感器测得的土体初始含水率分别为36.3%、36%、33%、36.6%、44.5%、27%、35.3%、34.1%、39.5%、32.1%、34.5%、31.4%、37.7%、45.5%和44.1%,总体表现出斜坡地底含水率较地表高,且坡顶和坡脚(1~5号/11~15号)含水率较坡体中部(6~10号)高的特点。

小雨工况开始后,各个传感器体积含水率随时间变化情况如图5.7-3所示。在降雨作用下各传感器测量值均有微小波动,但总体保持降低的趋势。造成这一现象的原因可能是试验开始前场地有少量降雨且开展了降雨系统的标定工作,使得斜坡土体提前达到饱和。试验降雨期间,饱和土体由于渗流通道被水体填充,入渗量小于排泄量,土体含水率缓慢下降,降雨停止,土体含水率快速下降,直至达到平衡。

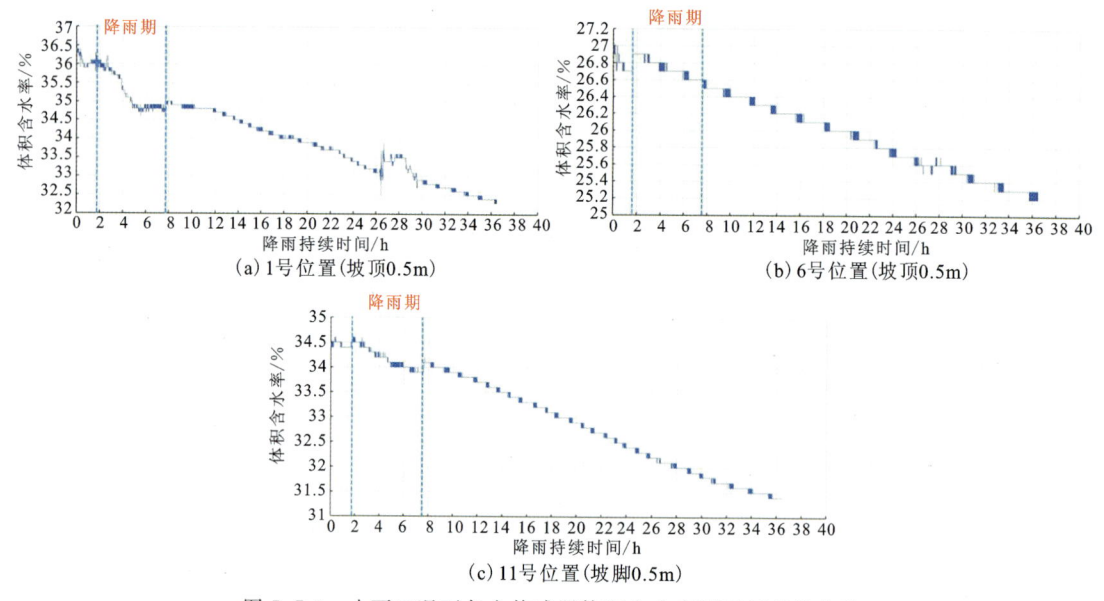

图5.7-3 小雨工况下各个传感器体积含水率随时间变化曲线

最终,经过长时间的径流排泄,坡体内部含水率达到稳定,各传感器处测得的含水率分别为36.5%、32.3%、32%、30%、34.4%、41.6%、25.2%、30.8%、30.6%、37.3%、31.4%、31.4%、29.1%、35.6%和42.5%。

2) 暴雨工况

暴雨工况主要用来模拟工作区自然斜坡在大到暴雨雨强工况下的体积含水率情况。试验持续时长约48h,其中降雨持续时间9h,降雨总量350mm。

暴雨工况开始前,3处滑坡体积含水率监测点15个传感器测得的土体初始含水率分别为32.3%、32%、30%、34.4%、41.6%、25.2%、30.8%、30.6%、37.3%、31.4%、31.4%、

第 5 章　典型黄土斜坡现场降雨入渗试验研究

29.1%、35.6%、42.5%和42.4%,与小雨工况开始前的监测结果类似,总体表现出斜坡地底含水率较地表高,坡顶和坡脚(1~5号/11~15号)含水率较坡体中部(6~10号)高的特点。

暴雨工况开始后,各个传感器体积含水率随时间变化情况如图5.7-4所示。在降雨作用下各传感器测量值均有波动。首先,如图5.7-4(a)、(c)和(e)所示,浅层土体在降雨期间含水率保持不变或略有增加,降雨结束后逐步增大直至保持稳定。例如,坡顶0.5m处埋深的1号传感器降雨期含水率在30%~32%之间波动,降雨结束后增加至39%。这一现象反映出斜坡在强降雨过程中入渗较差,随着降雨减小直至结束,被水体填充的渗流通道才进一步入渗,具有滞后性。其次,如图5.7-4(b)、(d)和(f)所示,深层土体由于小雨工况后还处于饱和状态,入渗雨量等于或小于排泄量,土体含水率缓慢下降,降雨一旦停止,土体含水率会快速下降,直至达到平衡。

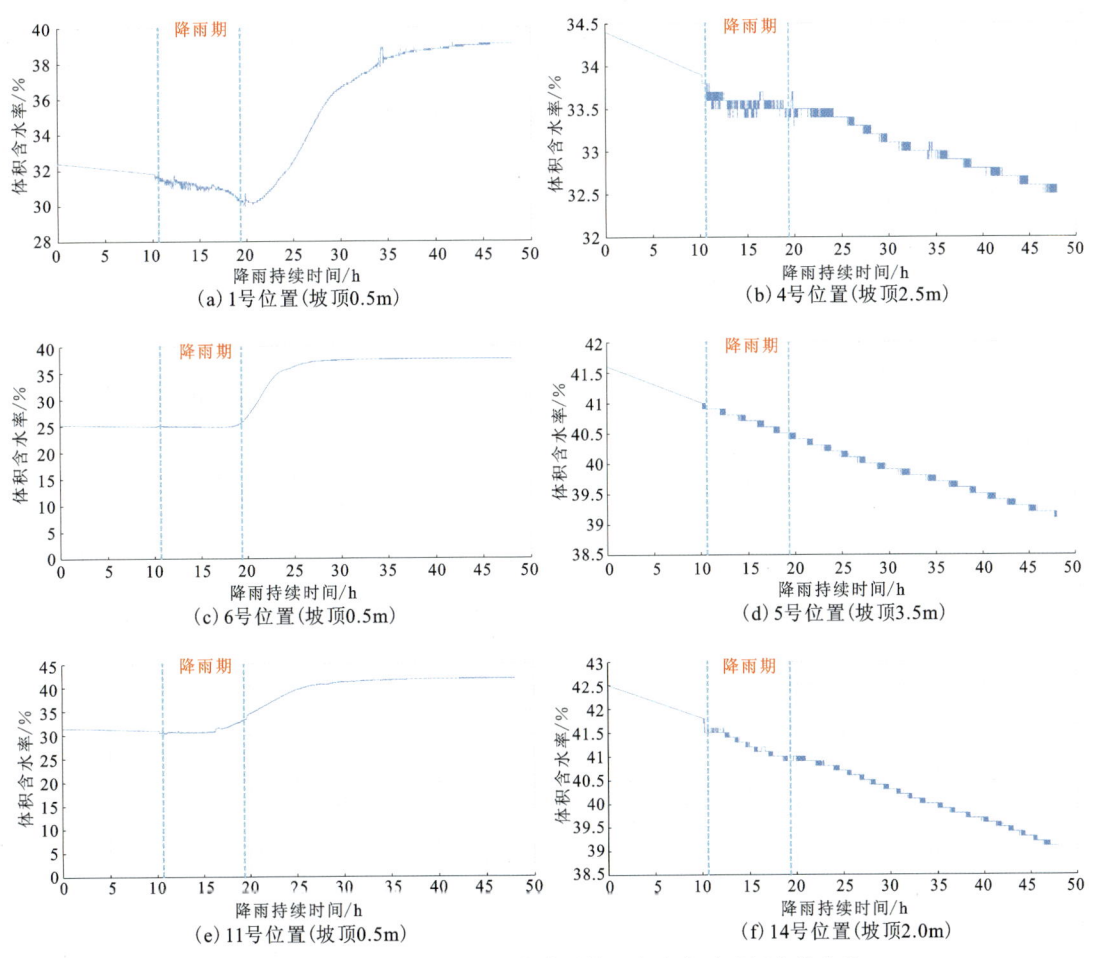

图 5.7-4　暴雨工况下各个传感器体积含水率随时间变化曲线

最终,经过长时间的径流排泄,坡体内部的含水率达到稳定,各传感器处测得的含水率分别为39.1%、29%、27%、32.5%、39.2%、37.6%、27.8%、28%、35.2%、30.9%、41.9%、27.3%、33.2%、39.1%和40.6%。

暴雨工况后，降雨量累计达 450mm，坡顶、坡中、坡底体积含水率分别为 33.94％、32.1％、36.66％时，坡体表面产生多条冲刷裂缝。

3）暴雨＋坡面裂缝工况

暴雨＋坡面裂缝工况主要用来模拟地表存在裂缝的斜坡在大到暴雨雨强工况下的体积含水率变化特征。试验持续时长约 48h，其中降雨持续时间 6h，降雨总量 260mm。

暴雨＋坡面裂缝工况试验开始前，3 处体积含水率监测点的 15 个传感器测得土体初始含水率分别为 39.1％、29％、27％、32.5％、39.2％、37.6％、27.8％、28％、35.2％、30.9％、41.9％、27.3％、33.2％、39.1％和 40.6％。同样，与小雨工况开始前的监测结果类似，总体表现出斜坡地底含水率较地表高，坡顶和坡脚（1～5 号/11～15 号）含水率较坡体中部（6～10号）高的特点。

暴雨＋坡面裂缝工况开始后，各个传感器体积含水率随时间变化情况如图 5.7-5 所示。在降雨作用下各传感器测量值均有波动。首先，如图 5.7-5(a)、(c)和(e)所示，浅层土体在降雨期间含水率有明显的增加，设置裂缝有助于降雨入渗，第二次试验时滞后现象消失，降雨结束后土体含水率

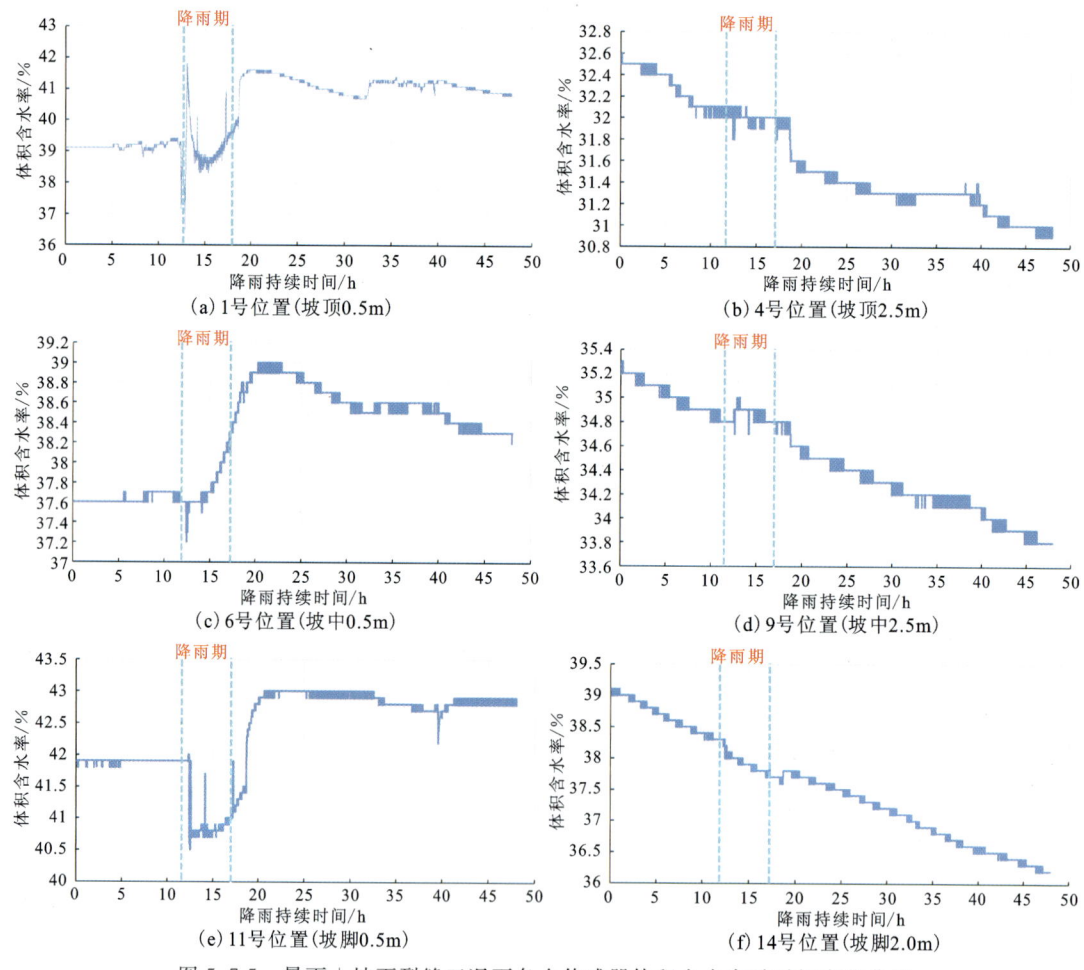

图 5.7-5　暴雨＋坡面裂缝工况下各个传感器体积含水率随时间变化曲线

(6)可以静、动态测量。

(7)光洁面为受力面,另一面为支撑面,埋入土壤中支撑面的着力点要牢固,试验过程中土压力盒的位置方向不能产生偏移,与受力面接触的土或者沙颗粒一定要小,应小于土压力盒直径的1/20。

2)孔隙水压力计

本次研究采用BWMK型水压计(图5.2-11),具体参数如下:

(1)量程100kPa;直径26mm;厚度45mm。

(2)分辨率(MPa)为满量程的1/1000;准确度误差≤0.3F·S。

(3)灵敏度0.2mV/kPa(桥压2V)。

(4)接桥方式为全桥;桥路电阻350Ω;超载能力150%。

(5)防水性能为可以在饱和水介质中工作。

(6)接线方法为红—电源+蓝—电源、绿—信号+黑—信号—屏蔽线接地。

(7)可以静动态测量。

图5.2-10　BW型土压力盒

图5.2-11　BWMK型水压计

3)固定测斜仪

本次研究采用HNY-1型固定测斜仪(图5.2-12)。整个系统包含一定数量安装在测斜管里的固定测斜仪传感器。测斜管提供地下测量的入口,管内部的导槽控制着传感器的方向。测斜管安装在垂直的钻孔中,该钻孔穿过地下可能发生位移运动的地区。一组导槽需对准在预期的位移方向。

图5.2-12　固定测斜仪

第 5 章　典型黄土斜坡现场降雨入渗试验研究

保持稳定并未直接降低。例如,坡中 0.5m 埋深的 6 号传感器降雨期含水率由 37.6% 上升至 38.9%,这一现象充分说明了优势渗流通道在黄土斜坡入渗的促进作用。其次,如图 5.7-5 (b)、(d) 和 (f) 所示,斜坡深部土体表现出与第一次和暴雨工况类似的含水率下降的特征。

最终,经过长时间的径流排泄,坡体内部的含水率达到稳定,各传感器处测得的含水率分别为 40.8%、29%、26%、30.9%、37.7%、38.3%、26.6%、26.3%、33.8%、30.7%、42.8%、36.2%、32.3%、36.2% 和 39.5%。

暴雨+坡面裂缝工况后,2023 年 10 月 19 日降雨量累计达 710mm,坡顶、坡中、坡底的体积含水率分别为 30.74%、39.54%、47.74% 时,坡中产生宽 0.1m 的裂缝。

4) 暴雨+坡面及坡顶裂缝+前缘切坡工况

暴雨+坡面及坡顶裂缝+前缘切坡工况主要用来模拟地表存在裂缝且前缘开挖斜坡在大到暴雨条件下的体积含水率变化特征。试验持续时长约 42h,其中降雨持续时间 9h,降雨总量 400mm。

暴雨+坡面裂缝工况开始前,3 处体积含水率监测点 15 个传感器测得的土体初始含水率分别为 40.8%、29%、26%、30.9%、37.7%、38.3%、26.6%、26.3%、33.8%、30.7%、42.8%、36.2%、32.3%、36.2% 和 39.5%。同样,与小雨工况开始前的监测结果类似,总体表现出斜坡地底含水率较地表高,坡顶和坡脚(1~5 号/11~15 号)含水率较坡体中部(6~10 号)高的特点。

暴雨+坡面及坡顶裂缝+前缘切坡工况开始后,各传感器体积含水率随时间的变化情况如图 5.7-6 所示。在降雨作用下各传感器测量值变化显著,土体在降雨期间含水率均有明显的增加,土体含水率对降雨的反应更为敏感。

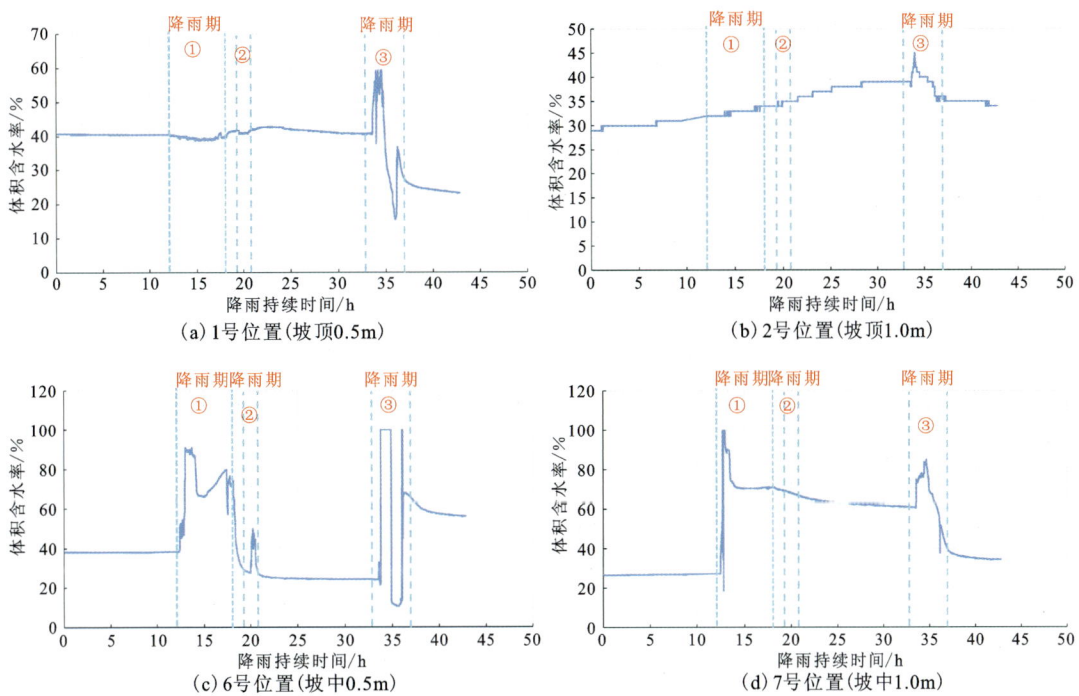

(a) 1 号位置(坡顶 0.5m)　　(b) 2 号位置(坡顶 1.0m)

(c) 6 号位置(坡中 0.5m)　　(d) 7 号位置(坡中 1.0m)

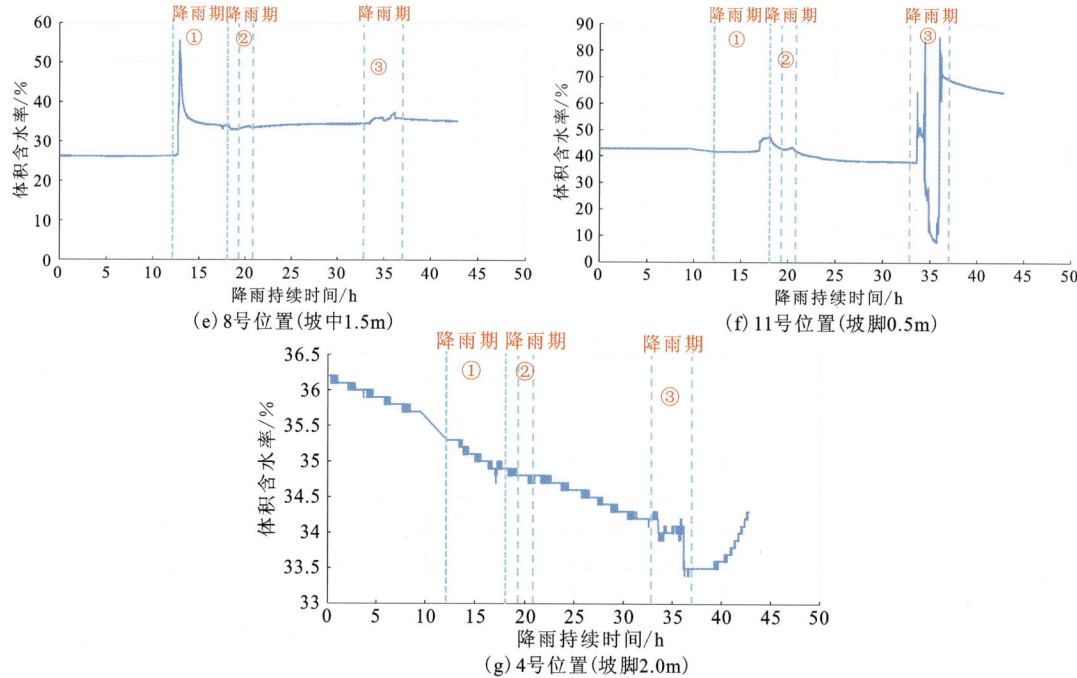

图 5.7-6 暴雨＋坡面及坡顶裂缝＋前缘切坡工况各个传感器体积含水率随时间变化曲线

最终，经过长时间的径流排泄，坡体内部的含水率达到稳定，各传感器处测得的含水率分别为 23.3%、34%、26%、30.9%、36.8%、56.2%、34.4%、35.3%、33.1%、30.6%、64.3%、54%、40.5%、34.3% 和 41.7%。

暴雨＋坡面及坡顶裂缝＋前缘切坡工况后，当降雨量累计达 110mm 时，坡顶、坡中、坡底的体积含水率分别为 32.74%、52.84%、40.4%，此时坡体中下部已发生滑移，滑坡破坏。

2. 孔隙水压力数据分析

1）小雨工况

小雨工况试验主要用来模拟工作区自然斜坡在中小雨强工况下的孔隙水压力变化特征。试验持续时长约 36h，其中降雨持续时间 6h，降雨总量 100mm。

在该工况下，1 号、6 号、11 号测点处孔隙水压力随降雨持续时间变化曲线如图 5.7-7 所示。各测点孔隙水压力均为负值，且孔隙水压力在波动中缓慢负向增大。在第 6h 降雨结束后，各测点的孔隙水压力第一次正向抬升，并在第 11h 左右达到峰值，波动幅度在 0.15kPa 左右；第 11h 到 28h 先减小后增大又减小的波浪形变化。整体来看，坡体内 1 号、6 号及 11 号测点的孔隙水压力表现出负向增大的趋势，表明坡体内部水分随时间增长在逐渐向外排泄，而孔隙水压力的波动可能与坡体局部变形造成的小范围水分迁移有关。

2）暴雨工况

暴雨工况主要用来模拟工作区自然斜坡在大到暴雨雨强工况下的孔隙水压力变化特征。试验持续时长约 48h，其中降雨持续时间 9h，降雨总量 350mm。

第 5 章 典型黄土斜坡现场降雨入渗试验研究

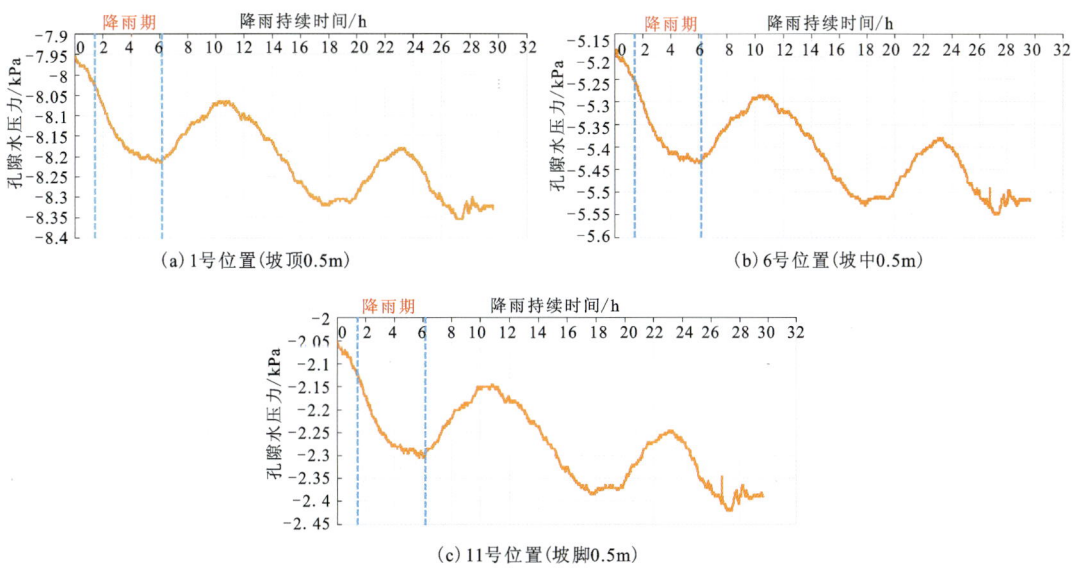

图 5.7-7 小雨工况下各个传感器孔隙水压力随降雨持续时间变化曲线

1号和6号测点处孔隙水压力随降雨持续时间的变化曲线如图 5.7-8 所示。两处测点孔隙水压力均为负值,并在降雨影响下表现出相似的变化趋势。在第 1h 至第 11h 的暴雨期间,孔隙水压力先负向增大,第 4.3h 后两处测点的孔隙水压力正向抬升,说明孔隙水压力的增加相对于降雨存在一定的滞后。降雨结束后,两处测点的孔隙水压力在第 11h 至 24h 出现小幅度的波动,并在第 14h 和第 24h 出现两处峰值。在第 24h 至第 31h 孔隙水压力大幅度减小,然后在第 31h 至 37h 再次出现上升。推测可知,降雨结束后第 11h 至 14h 的孔隙水压力抬升与测点处降雨直接补给有关,而第 20h 至 24h 和第 31h 至 37h 的孔隙水压力抬升与周围水分向测点处迁移有关。

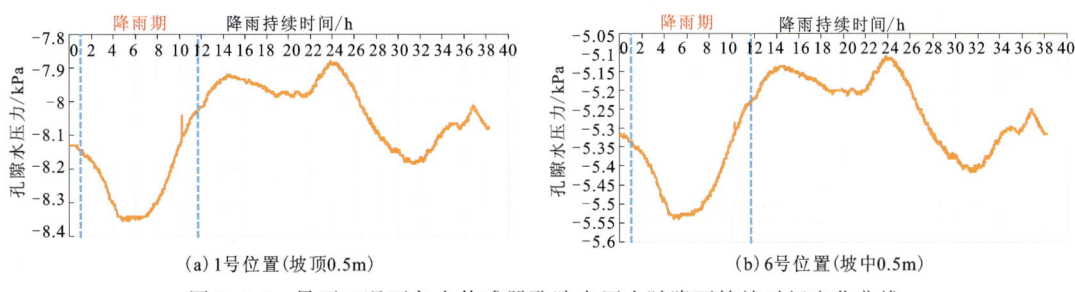

图 5.7-8 暴雨工况下各个传感器孔隙水压力随降雨持续时间变化曲线

3)暴雨+坡面裂缝工况

暴雨+坡面裂缝工况主要用来模拟地表存在裂缝的斜坡在大到暴雨雨强条件下的孔隙水压力变化特征。试验持续时长约 48h,其中降雨持续时间 6h,降雨总量 260mm。

该工况下,1号、3号、6号和11号测点处孔隙水压力随降雨持续时间的变化曲线如图 5.7-9 所示。13—19h 为降雨期,降雨结束后各测点孔隙水压力变化趋势一致,均呈现出随降雨持续时间增加缓慢正向抬升的趋势。1号、3号、6号和11号测点处从第 19h 至第 48h 的孔隙水压力增幅分别为 0.6kPa、0.5kPa、0.6kPa 和 0.7kPa。与单纯暴雨工况对比，暴雨＋坡面裂缝工况各测点的孔隙水压力并未出现大幅度的负向增大，说明设置裂缝有助于降雨对斜坡体内部渗流场的补给。此外，需要注意的是，各个测点的孔隙水压力曲线并非线性增加，随时间的增加存在小幅度的波动，这种变化表明自然斜坡内部土体并非均质，孔隙水压力的振荡与坡体内发生局部变形造成的水分迁移有关。

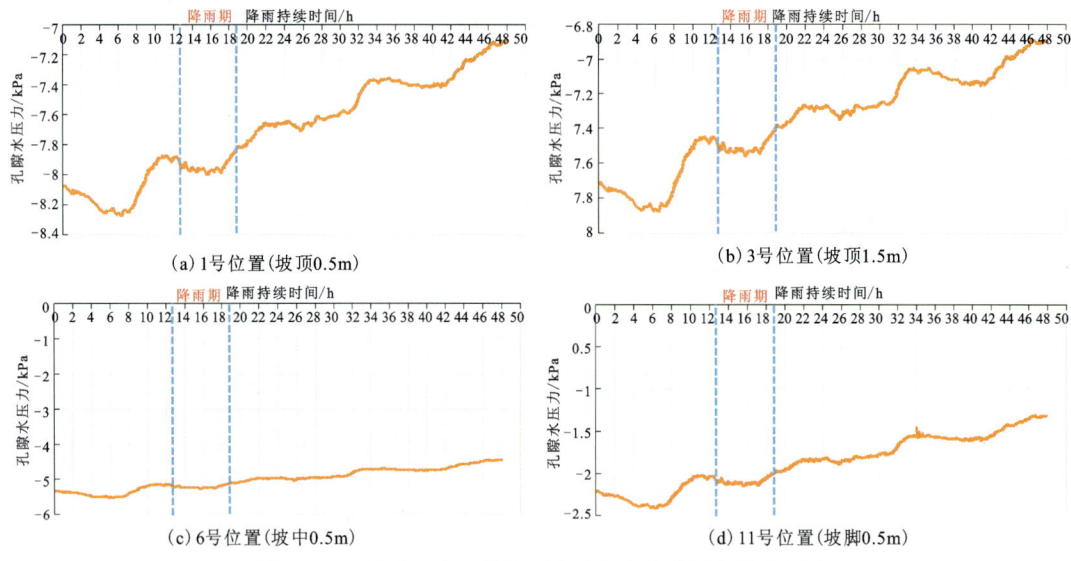

图 5.7-9　暴雨＋坡面裂缝工况下各个传感器孔隙水压力随降雨持续时间变化曲线

4）暴雨＋坡面及坡顶裂缝＋前缘切坡工况

暴雨＋坡面及坡顶裂缝＋前缘切坡工况主要用来模拟地表存在裂缝且前缘开挖斜坡在大到暴雨雨强条件下的孔隙水压力变化特征。试验持续时长约 42h，其中降雨持续时间 9h，降雨总量 400mm。

该工况下，1 号、6 号和 11 号测点处孔隙水压力随降雨持续时间的变化曲线如图 5.7-10 所示。各测点的孔隙水压力整体呈现先正向增加再急剧减小的趋势。1 号测点处孔隙水压力随着降雨持续时间的增加呈振荡上升趋势，13—15h 和 23—28h 孔隙水压力负向增加，表明此时测点处水分在逐渐向周围排泄；第 3 次降雨结束后，测点 1 处孔隙水压力突然急剧正向增加 0.2kPa，接着又持续降低，说明土体发生了大规模变形破坏，孔隙水压力急剧增加是土体内部挤压出现超孔隙水压力的表现。同样，在 6 号和 11 号测点处也可以观察到相似的现象。

3. 土体压力数据分析

1）小雨工况

小雨工况试验主要用来模拟工作区自然斜坡在中小雨强工况下的土体压力变化特征。试验持续时长约 36h，其中降雨持续时间 6h，降雨总量 100mm。

该工况下，1 号、7 号及 14 号测点的土体压力随降雨持续时间的变化曲线如图 5.7-11 所示。忽略土压力测量过程中出现的竖向噪声可以发现，各测点在降雨影响下土压力均有不同

第 5 章 典型黄土斜坡现场降雨入渗试验研究

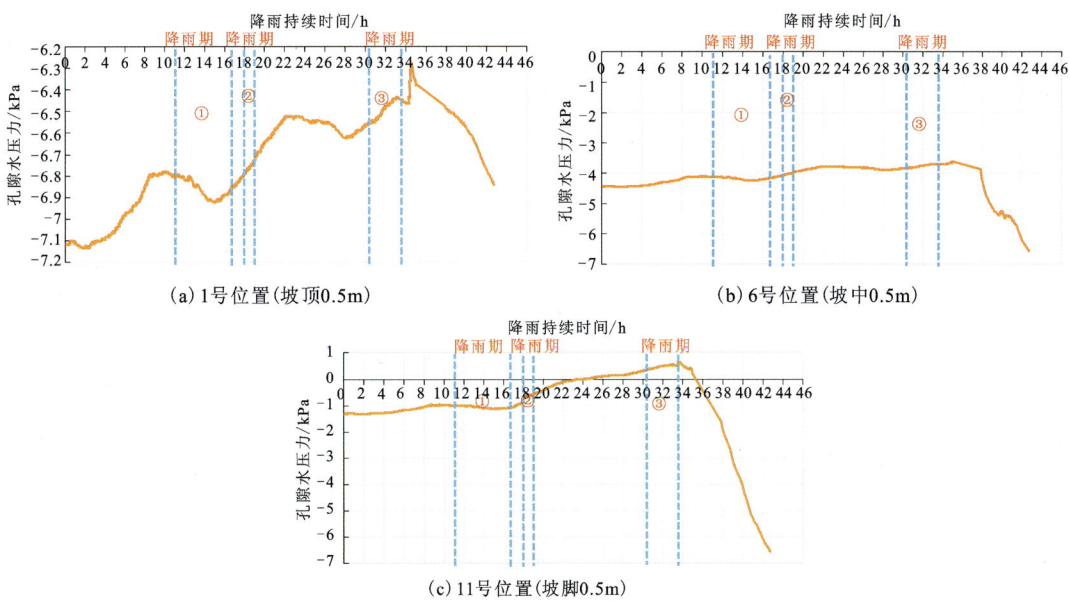

图 5.7-10 暴雨＋坡面裂缝＋前缘切坡工况下各个传感器孔隙水压力随降雨持续时间变化曲线

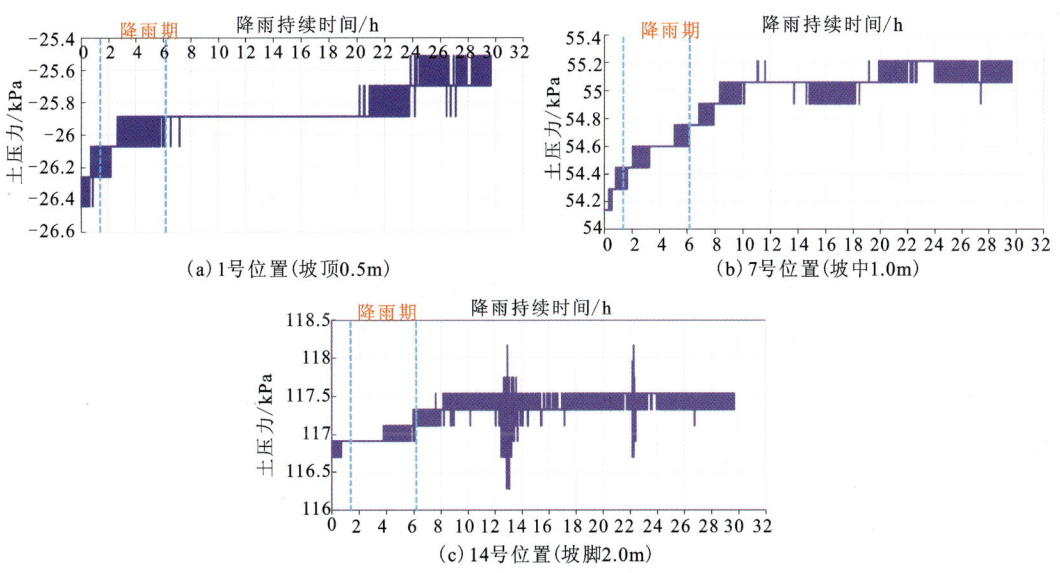

图 5.7-11 小雨工况下各个传感器土压力随降雨持续时间变化曲线

程度的增加。其中，1 号测点的土压力由 −26.3kPa 增加至 −25.7kPa，7 号测点的土压力由 54.1kPa 增加至 55.1kPa，14 号测点的土压力由 116.9kPa 增加至 117.6kPa，增幅分别为 0.6kPa、1.0kPa 和 0.7kPa，7 号测点（坡中 1.0m 处）的变化最为显著，说明整个坡体的最大水平土压力出现在坡体中部。

2）暴雨工况

暴雨工况主要用来模拟工作区自然斜坡在大到暴雨雨强工况下的土体压力变化特征。试验持续时长约 48h，其中降雨持续时间 9h，降雨总量 350mm。

该工况下，1号、6号及11号测点的土体压力随降雨持续时间的变化曲线如图5.7-12所示。总体来看，各测点的土压力随时间的增长呈现出先增大后减小的"凸"形变化。各测点的土压力在降雨结束的第12h达到了最大值，1号、6号及11号测点分别为-24.8kPa、-37.5kPa、9kPa。之后，各测点土压力随着时间的增加最后趋于定值，1号、6号及11号测点分别为-24.9kPa、-37.7kPa、7.6kPa，这表明在降雨入渗影响下坡体内部结构建立了新的稳定状态。

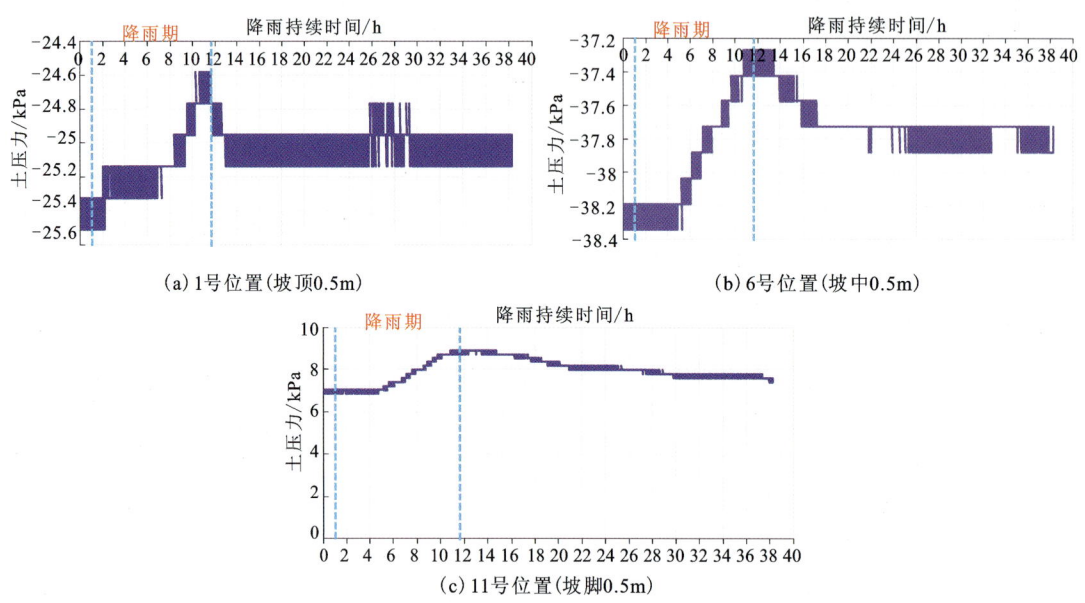

图5.7-12　暴雨工况下各个传感器土压力随降雨持续时间变化曲线

3）暴雨＋坡面裂缝工况

暴雨＋坡面裂缝工况主要用来模拟地表存在裂缝的斜坡在大到暴雨雨强条件下的土体压力变化特征。试验持续时长约48h，其中降雨持续时间6h，降雨总量260mm。

该工况下，2号和7号测点的土体压力随降雨持续时间的变化曲线如图5.7-13所示。整体来看，第19h降雨结束后2号测点的土压力随时间增加出现波动变化趋势，土压力峰值为第37h的20.4kPa，而7号测点土压力在降雨结束后呈缓慢增加趋势，最终在第43h稳定在56.6kPa。值得注意的是，其中7号测点（坡中1.0m处）的土压力明显大于2号测点（坡顶1.0m处）的土体压力，说明整个斜坡水平应力集中于坡体中部。

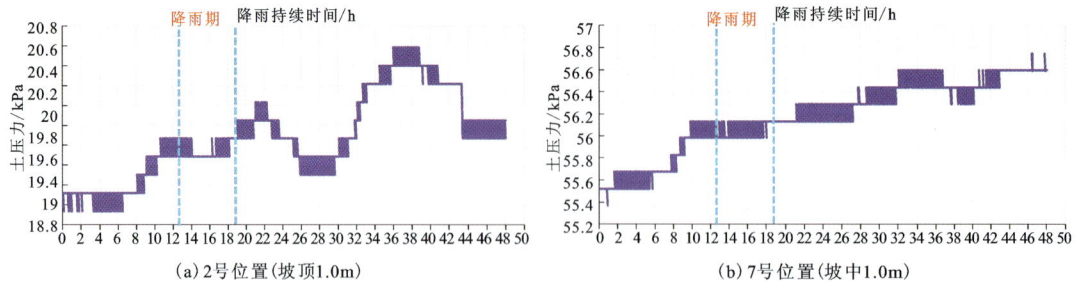

图5.7-13　暴雨＋坡面裂缝工况下各个传感器土压力随降雨持续时间变化曲线

4) 暴雨＋坡面及坡顶裂缝＋前缘切坡工况

暴雨＋坡面及坡顶裂缝＋前缘切坡工况主要用来模拟地表存在裂缝且前缘开挖斜坡在大到暴雨雨强工况下的土体压力变化特征。试验持续时长约42h,其中降雨持续时间9h,降雨总量400mm。

该工况下,各测点的土体压力随降雨持续时间的变化曲线如图5.7-14所示。由图5.7-14(a)可以看出,从第一次降雨开始直至21h,1号测点的土压力随着降雨持续时间的增加逐渐增大;21—34h,1号测点的土压力稳定在－23.30kPa,直至坡体破坏。6号测点在第一次降雨期间土压力先增大后降低,第一次降雨结束后至坡体破坏(17—34h)土压力持续增大,并在第38h达到最大值－33kPa。14号测点位于斜坡坡脚,因此土压力值的波动较小,第一次降雨后未发生变化,第二次降雨期间上升约0.3kPa后又保持稳定,直至坡体破坏后才出现较大幅度的增加。

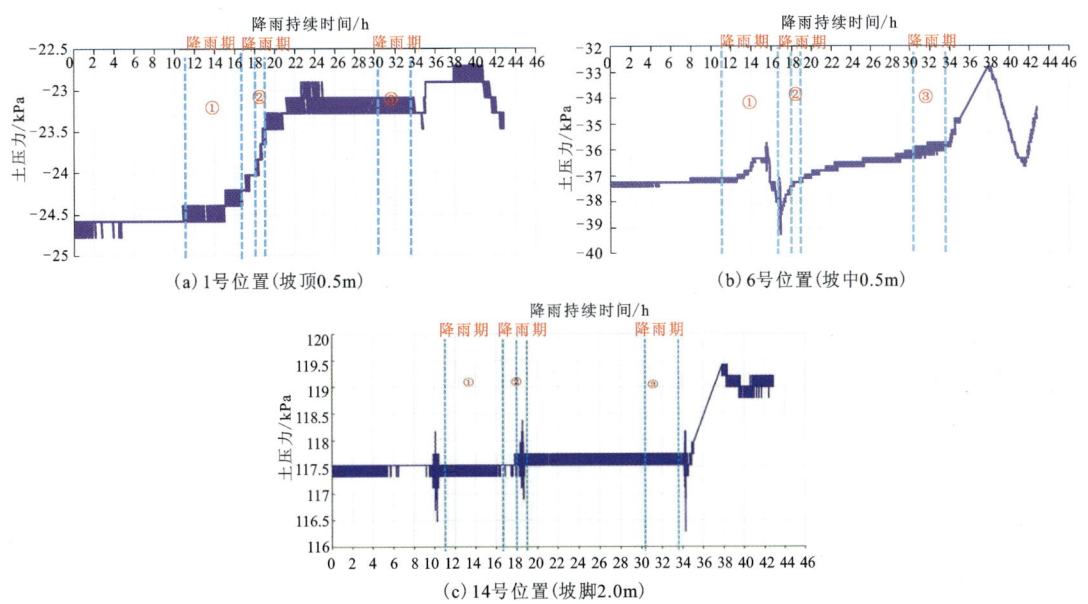

图 5.7-14　暴雨＋坡面及坡顶裂缝＋前缘切坡工况下各个传感器土压力随降雨持续时间变化曲线

4. 位移数据分析

1) 小雨工况

小雨工况主要用来模拟工作区自然斜坡在中小雨强工况下的位移变化特征。试验持续时长约36h,其中降雨持续时间6h,降雨总量100mm。

采用深部测斜仪监测坡体地下变形情况,并探测斜坡变形过程中的潜在滑动带位置。测斜仪每隔0.5m采集一次剪切位移,x方向,即顺坡向方向的坡体深部位移随时间的变化曲线如图5.7-15所示。监测结果表明,降雨作用下自然斜坡内部出现了明显的变形,各个测点在1.5m以上深度均监测到了不同程度的变形。其中,3号测点(坡顶处)的x方向位移在1m左右深度的变形最大,第36h的剪切位移为0.4mm;2号测点(坡中处)的x方向位移在1m左右深度的变形最大,第36h的剪切位移为0.25mm;1号测点(坡脚处)的x方向位移在1m深度处变形最大,第36h的剪切位移为0.68mm。由前述有关试验场地的介绍可知,斜坡自然坡度约为40°,据此可知,降雨作用下斜坡内部出现了与坡表基本平行的直线型潜在滑动面。

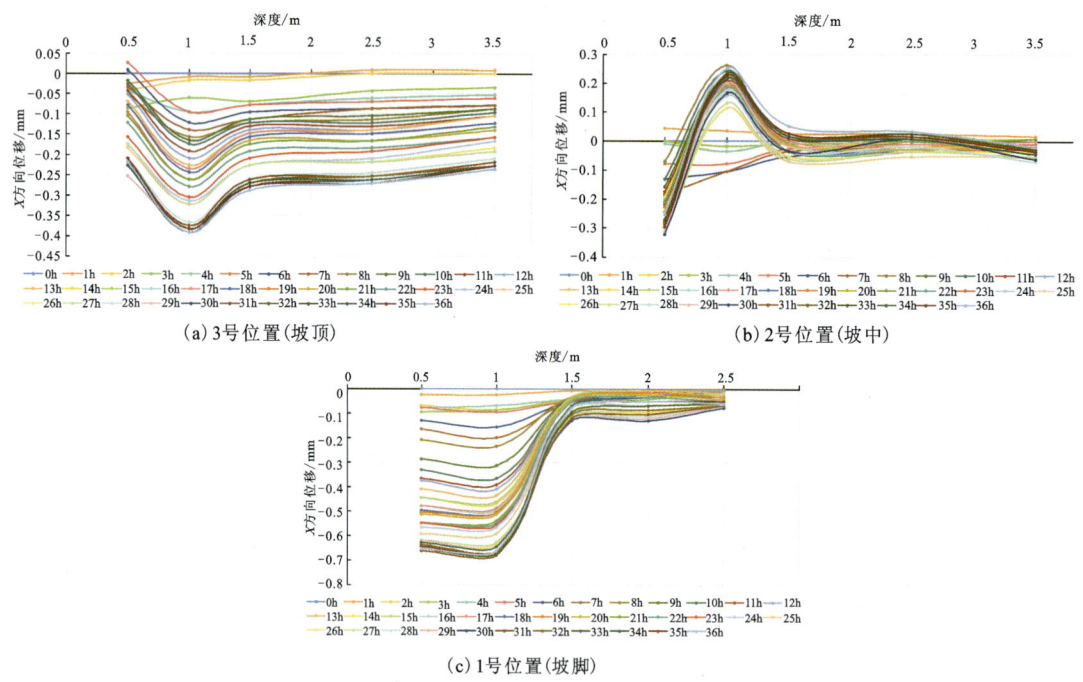

图 5.7-15　小雨工况下各个传感器位移随坡体深度变化曲线

2) 暴雨工况

暴雨工况主要用来模拟工作区自然斜坡在大到暴雨雨强工况下的位移变化特征。试验持续时长约48h,其中降雨持续时间9h,降雨总量350mm。

该工况下3个测点x方向,即顺坡向方向的坡体深部位移随时间的变化曲线如图5.7-16所示。监测结果表明,降雨作用下自然斜坡内部出现了明显的变形,各个测点在1.5m以上深度均监测到了不同程度的变形。其中,3号测点(坡顶处)的x方向位移在1m左右深度的变形最大,第38h的剪切位移为1.0mm;2号测点(坡中处)的x方向位移在0.5m左右深度的变形最大,第27h的剪切位移为1.5mm;1号测点(坡脚处)的x方向位移在0.5m深度处变形最大,第38h的剪切位移为1.7mm。与小雨工况相比,暴雨工况各传感器的深部位移测量值均有不同程度的增加,说明随着降雨的增大斜坡变形也在加剧。此外,暴雨工况下,坡体中部和坡脚0.5m深度的变形大于1.0m处,表明在降雨作用下,斜坡已出现由深部向浅表扩散的整体变形。

3) 暴雨+坡面裂缝工况

暴雨+坡面裂缝工况主要用来模拟地表存在裂缝的斜坡在大到暴雨雨强工况下的位移变化特征。试验持续时长约48h,其中降雨持续时间6h,降雨总量260mm。

该工况下3个测x方向,即顺坡向方向的坡体深部位移随时间的变化曲线如图5.7-17所示。监测结果表明,降雨作用下自然斜坡内部出现了明显的变形,各个测点在1.5m以上深度均监测到了不同程度的变形。其中,3号测点(坡顶处)的x方向位移在1m左右深度的变形

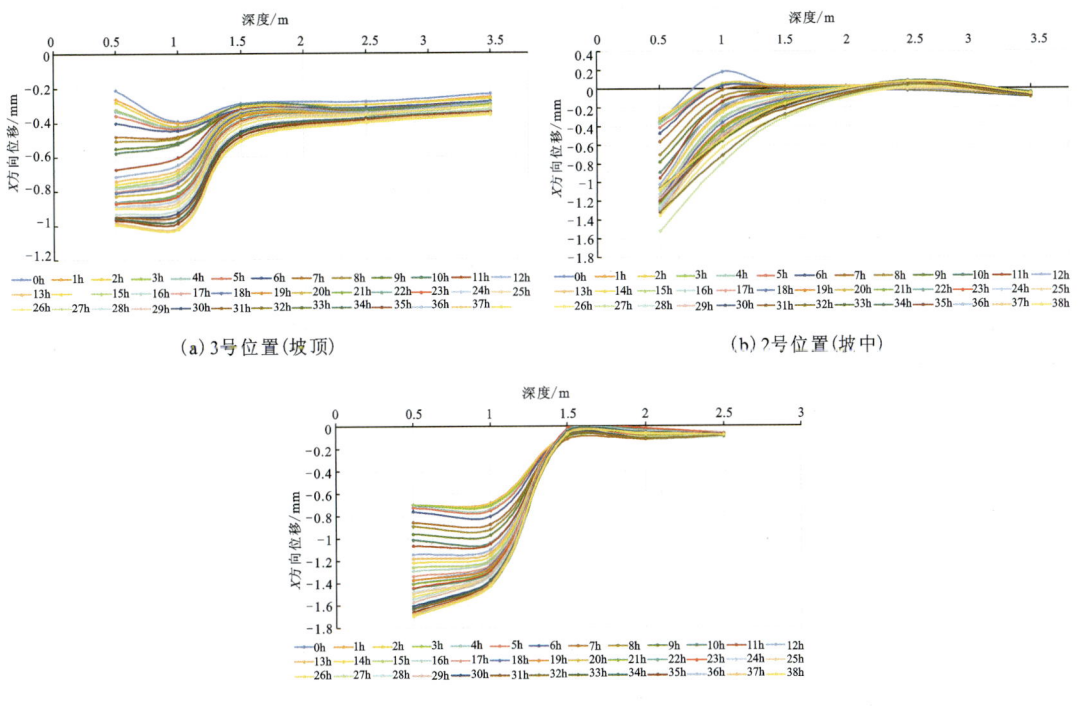

图 5.7-16　暴雨工况下各个传感器位移随坡体深度变化曲线

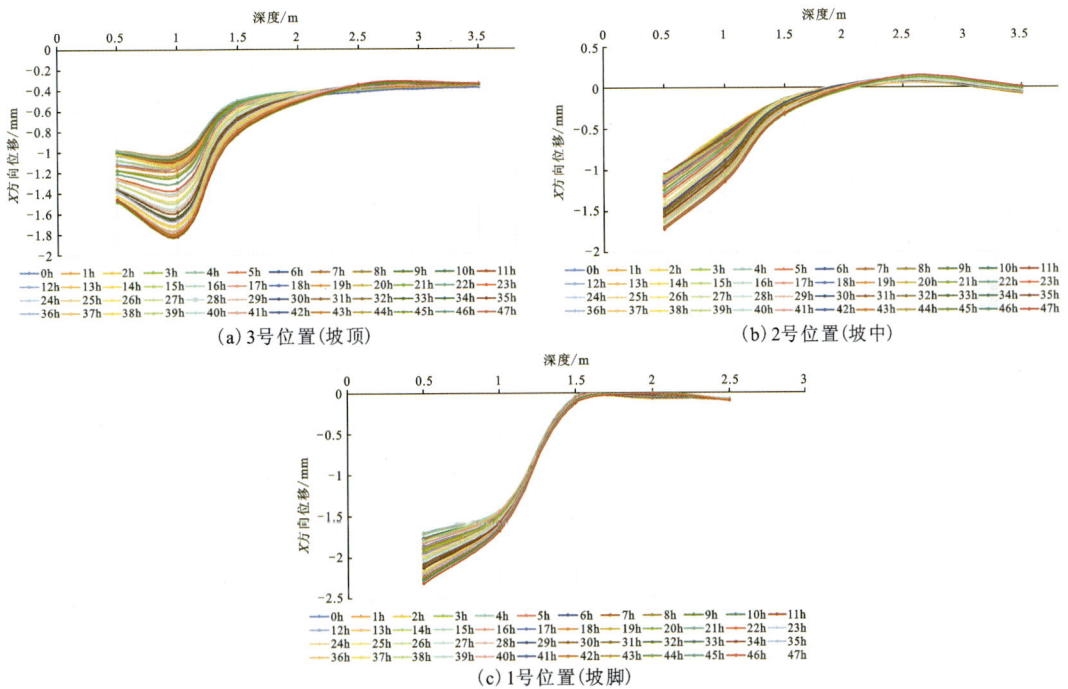

图 5.7-17　暴雨＋坡面裂缝工况下各个传感器位移随坡体深度变化曲线

最大,第47h的剪切位移为1.8mm;2号测点(坡中处)的x方向位移在0.5m左右深度的变形最大,第47h的剪切位移为1.7mm;1号测点(坡脚处)的x方向位移在0.5m深度处变形最大,第47h的剪切位移为2.3mm。与小雨和暴雨工况相比,暴雨+坡面裂缝工况各个传感器的深部位移测量值均有不同程度的增加,说明随着降雨的增大,特别是设置裂缝增加降雨入渗后,斜坡的变形也在加剧。

4)暴雨+坡面及坡顶裂缝+前缘切坡工况

暴雨+坡面及坡顶裂缝+前缘切坡工况主要用来模拟地表存在裂缝且前缘开挖斜坡在大到暴雨雨强工况下的位移变化特征。试验持续时长约42h,其中降雨持续时间9h,降雨总量400mm。

该工况下3个测点x方向,即顺坡向方向的坡体深部位移随时间的变化曲线如图5.7-18所示。监测结果表明,降雨作用下自然斜坡内部出现了明显的变形,各个测点在1.5m以上深度均监测到了不同程度的变形。其中,3号测点(坡顶处)的x方向位移在0.5m左右深度的变形最大,斜坡加速变形破坏(第35h)时的剪切位移为36.0mm;2号测点(坡中处)的x方向位移在0.5m左右深度的变形最大,第35h的剪切位移为40.0mm;1号测点(坡脚处)的x方向位移在0.5m深度处变形最大,第35h的剪切位移为390.0mm,随后由于坡脚发生滑塌,测斜管摆动,后续测量值无法使用。

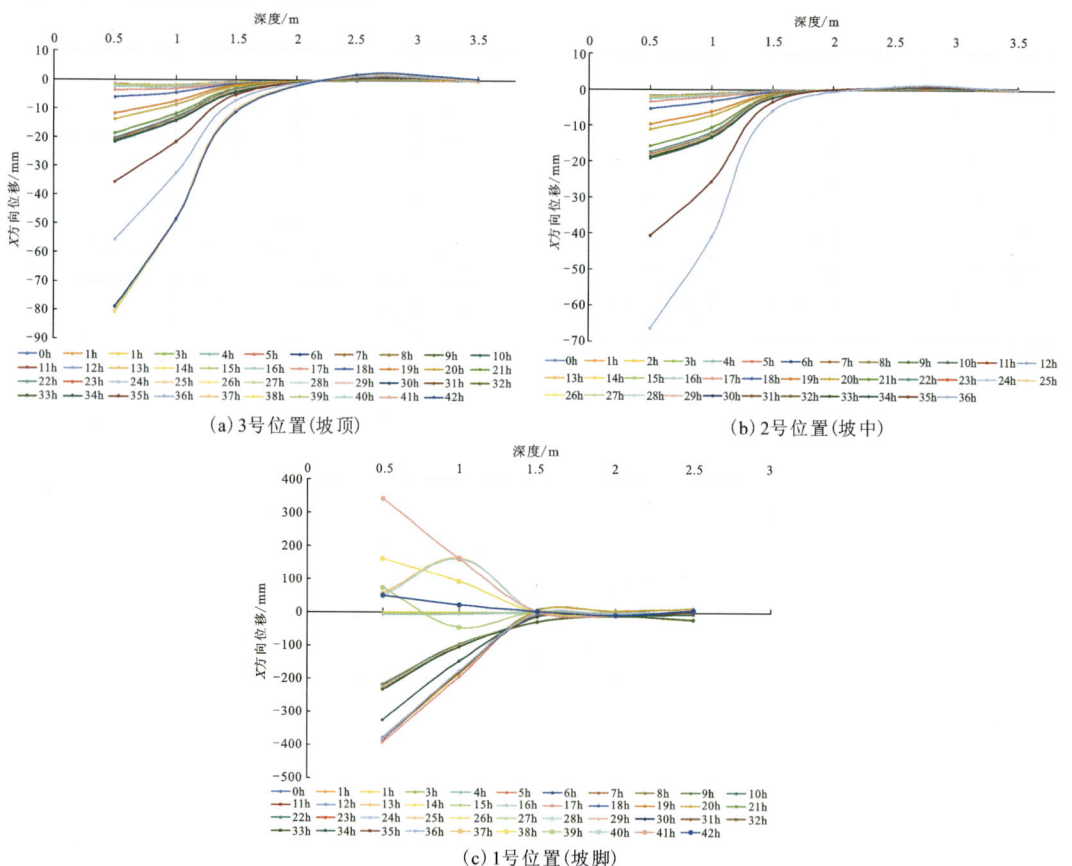

图5.7-18 暴雨+坡面及坡顶裂缝+前缘切坡工况下各个传感器位移随坡体深度变化曲线

斜坡顶部、中部及底部不同深度位移加速度变化曲线的关系曲线如图 5.7-19 所示。由图可以看出，随着时间的增加，斜坡顶部、中部及底部的位移加速度也有明显的波动，坡顶及坡底的位移加速度在 16—22h 呈波浪形变化，说明此时坡顶及坡底均有明显的滑移，已产生较大裂缝，坡中处于短暂的稳定状态。而时间增加至 33h 之后，此时的坡体已破坏并滑塌（图 5.7-20），因此各个测点不同深度传感器的位移加速度均出现了骤降突增的变化。

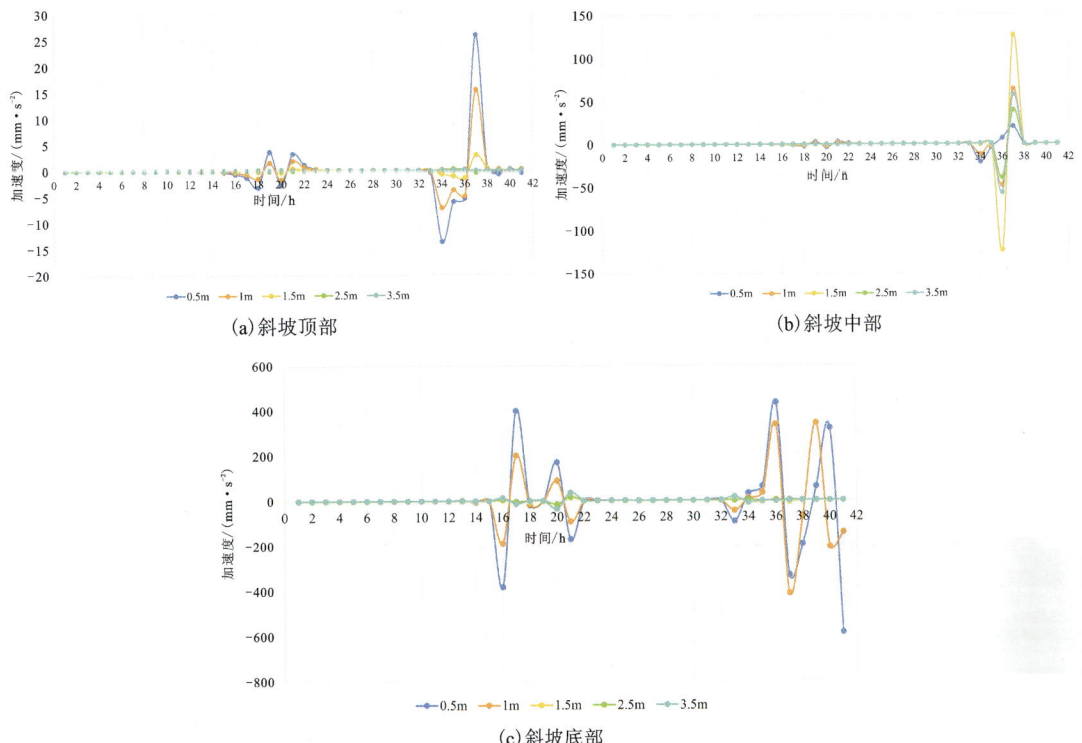

图 5.7-19　暴雨＋坡面及坡顶裂缝＋前缘切坡工况下斜坡不同位置位移加速度变化曲线

图 5.7-20　斜坡滑动后现场全貌

5. 基质吸力数据分析

1）小雨工况

小雨工况主要用来模拟工作区自然斜坡在中小雨强工况下的基质吸力变化特征。试验持续时长约36h,其中降雨持续时间6h,降雨总量100mm。

小雨工况下16号测点土体基质吸力随降雨持续时间变化曲线如图5.7-21所示。总体来看,16号测点基质吸力在降雨期呈现波浪形增大趋势,降雨结束后基质吸力稳定在13kPa。降雨入渗初期,16号测点的基质吸力在2—3h稳定在13kPa,此后增大至17kPa、降低至14kPa、又增加至23kPa。随后,16号测点的基质吸力在极短时间降低至13kPa并保持稳定,但在21—23h,基质吸力曲线出现波动,结合体积含水率和孔隙水压力变化曲线可知,此时周围水分正在向测点处迁移。

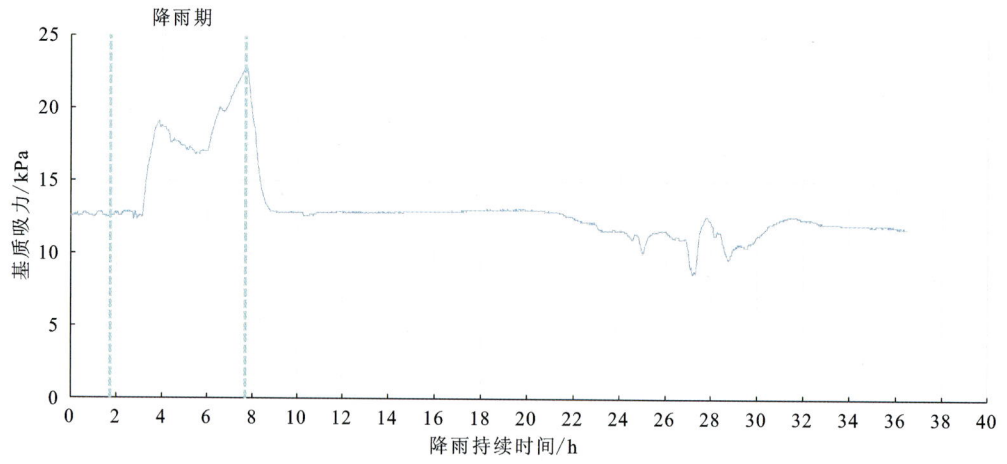

图5.7-21 小雨工况下16号测点(坡脚0.8m)土体基质吸力随降雨持续时间变化曲线

2)暴雨工况

暴雨工况主要用来模拟研究区自然斜坡在大到暴雨雨强工况下的基质吸力变化特征。试验持续时长约48h,其中降雨持续时间9h,降雨总量350mm。

暴雨工况下16号测点土体基质吸力随降雨持续时间变化曲线如图5.7-22所示。随着降雨持续时间的增加,基质吸力曲线为凹形,即在降雨期间,基质吸力持续上升,且较长时间稳定在25~30kPa之间。降雨结束后,基质吸力迅速降低。降雨入渗20h后,16号测点的基质吸力稳定在14kPa。

3)暴雨+坡面裂缝工况

暴雨+坡面裂缝工况主要用来模拟地表存在裂缝的斜坡在大到暴雨雨强工况下的基质吸力变化特征。试验持续时长约48h,其中降雨持续时间6h,降雨总量260mm。

暴雨+坡面裂缝工况下16号测点土体基质吸力随降雨持续时间变化曲线如图5.7-23所示。随着降雨持续时间的增加,基质吸力先增大后减小,即在暴雨+坡面裂缝工况降雨期间(12—17h),基质吸力逐渐增大,约在34h开始减小,逐渐减小至稳定值14kPa。

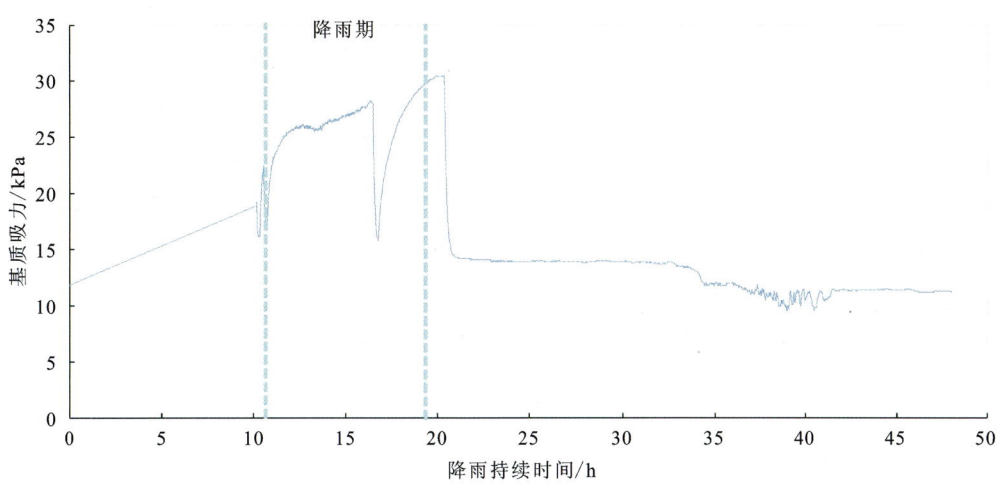

图 5.7-22　暴雨工况下 16 号测点(坡脚 0.8m)土体基质吸力随降雨持续时间变化曲线

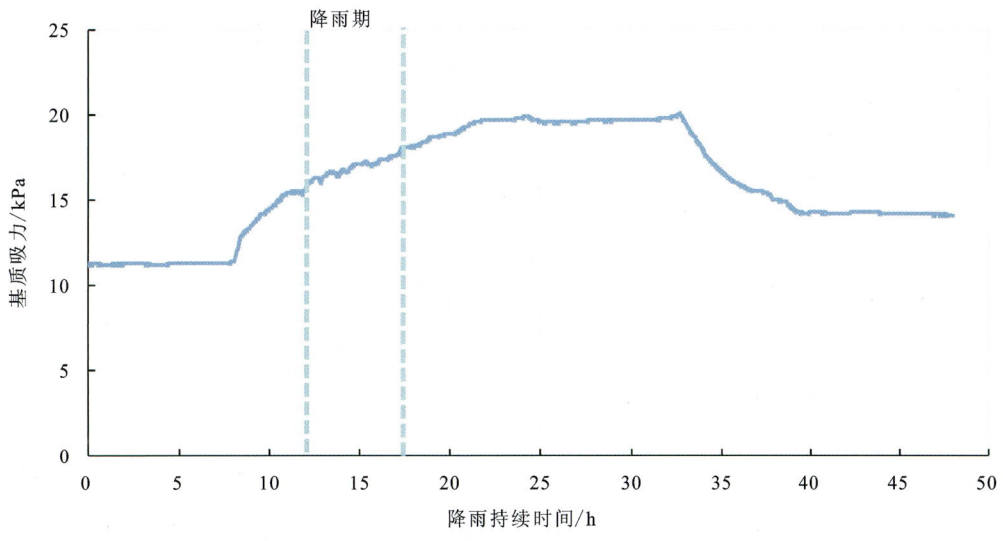

图 5.7-23　暴雨＋坡面裂缝工况下 16 号测点(坡脚 0.8m)土体基质吸力
随降雨持续时间变化曲线

4)暴雨＋坡面及坡顶裂缝＋前缘切坡工况

暴雨＋坡面及坡顶裂缝＋前缘切坡工况主要用来模拟地表存在裂缝且前缘开挖斜坡在大到暴雨雨强工况下的基质吸力变化特征。试验持续时长约 42h,其中降雨持续时间 9h,降雨总量 400mm。

暴雨＋坡面裂缝＋前缘切坡工况下 16 号测点土体基质吸力随降雨持续时间变化曲线如图 5.7-24 所示。在 12—33h 期间,基质吸力在 14～25kPa 范围内波动。但在第 3 个降雨期内(34—35h),基质吸力急剧陡变为 0.2kPa,浅层土体逐渐饱和,形成溯源—牵引破坏,直至土体内部崩解溃散,宏观表现为整体滑动,在滑动结束后,随着水分的疏散基质吸力会逐渐增大。

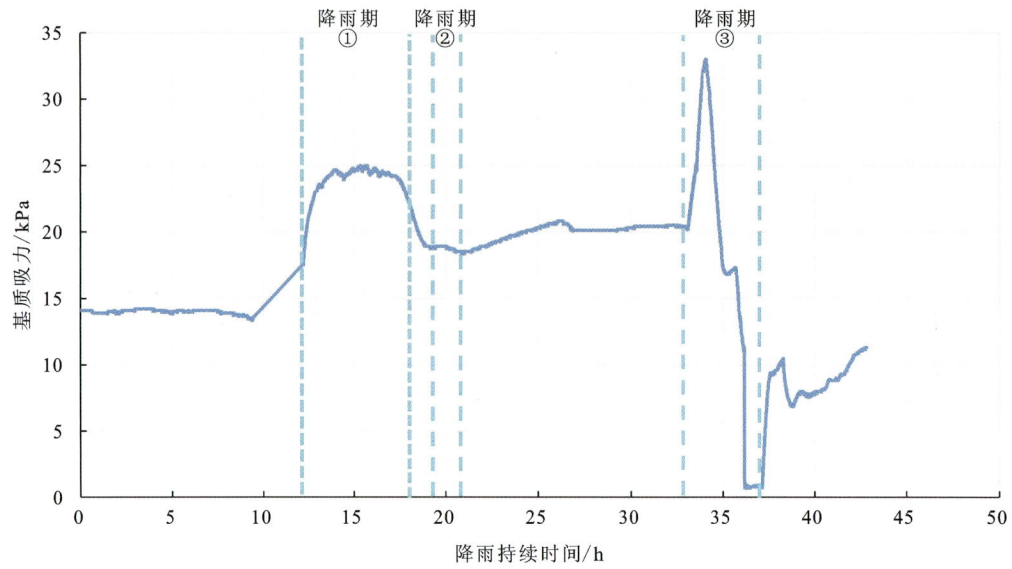

图 5.7-24　暴雨＋坡面裂缝＋前缘切坡工况下 16 号测点(坡脚 0.8m)
土体基质吸力随降雨持续时间变化曲线

5.8　小　结

本章试验点位于硝河乡新庄村南湾组滑坡东侧,占地面积约 $20m^2$。现场降雨入渗试验通过设置不同降雨强度、降雨持续时间、坡体表面设置裂缝、前缘开挖和后缘加载工况,观察了黄土滑坡降雨入渗响应过程中体积含水率、孔隙水压力、土压力、深部位移和基质吸力的变化情况。

结果表明,短时强降雨易形成坡面泥流,而间歇式的降雨有利于土体中的水分下渗。入渗率随雨强的增加逐渐增大,50mm/h 雨强坡面有效入渗率为 18%。黄土斜坡水分下渗较为困难,入渗深度达 0.5m 需要 6～8h,而下渗深度达 1.0m 需要 12～14h。坡面无裂缝的条件下,水分难以下渗至 1.5m,在开启裂缝(优势通道)后,下渗至 1.5m 需要 20～22h。

土体的初始体积含水率越小基质吸力越大,降雨初期表层土体的体积含水率增长越快,土体压力在降雨入渗过程中与土体孔隙水压力变化正相关,但整体变化幅度明显较小。当开设裂缝后,土体压力迅速增大,宏观表现为坡体在降雨入渗条件下的开裂滑移,加之前缘切坡后,土体压力迅速增大到峰值,坡体滑塌破坏。

在人工前缘切坡情况下,斜坡主要产生的滑坡类型为牵引式滑坡,斜坡不同位置对位移加速的响应不同,具体表现为坡脚＞坡中＞坡顶。前缘切坡是导致黄土斜坡失稳的重要因素。对于前缘切坡的黄土斜坡,降雨强度 50mm/h 持续 6h 后,斜坡极易出现变形破坏。随着持续降雨,浅层土体饱和,斜坡形成溯源-牵引破坏,直至土体内部崩解溃散,宏观表现为整体发生滑动。

第6章 降雨诱发黄土滑坡形成机理物理模型试验

6.1 物理模型试验理论基础

在现代科学的发展历程中,模型试验的作用十分重要,在工程科学领域更是如此。理论需要通过实践检验来证实,而试验是最好的检验方法。各国科学家在18—19世纪进行了一系列的物理模型试验,对推动工程结构理论及工程技术发展作出了贡献。进入20世纪后,随着相似理论的建立及试验技术的发展,物理模型试验有了正确的理论指导,进入了相似模型试验阶段。

基于相似理论的物理模型试验具有其特有的分析优势,因此得到广泛应用,相当多的学者和专家运用物理模型试验获得了大量的研究成果。如林鸿州等(2009)对某地粉土边坡进行室内人工降雨模拟模型试验,建立了降雨诱发边坡失稳的研究模型,深入探讨了降雨对边坡失稳的影响。李龙起等(2013)基于叠加喷洒降雨技术和智能化光纤光栅监测技术,开展不同降雨类型及支护条件下顺层边坡的地质力学模型试验,探究了降雨入渗对边坡内部力学响应的变化特征。何忠明等(2021)运用相似模型,对粗粒土高路堤边坡进行缩尺物理模型试验,研究了不同降雨工况下边坡的暂态饱和区时空演变规律,揭示了其失稳机理;肖俊(2019)以凤柴公路滑坡为原型进行缩尺模型试验,采用细砂、重晶石粉、双飞粉和水以8∶7∶3∶2的配比模拟滑体土,选用一层牛皮纸模拟滑带土,并进行模拟降雨试验,最终得出滑坡的演化过程为降雨入渗—坡脚变形滑塌—中部产生裂缝—裂缝发育扩张—后缘裂缝贯通—滑坡整体下滑。Tao等(2021)利用自行研制的深部地质工程灾害模拟试验系统,建立南汾露天矿下盘边坡的物理模型,选用热敏相似材料-石蜡模拟边坡软弱结构面以模拟滑坡全过程,研究了大滑坡变形破坏条件下,软弱结构面抗剪强度参数的变化趋势和负泊松比锚索的力学支撑特性,试验结果表明,边坡破坏经历土体压实、裂缝产生、裂缝扩展和滑动面贯通4个阶段,并证明了锚索在滑坡监测和预警中的积极作用。Dai等(2020)设计浅层膨胀土边坡的大型物理模型试验,采用带针的低速率供水降雨装置提供小规模滴式降雨,分析了边坡不同部位的渗湿特征、地表和深部变形特征以及土体变形与含水率变化的关系。结果表明,边坡含水率和地表位移表现为初始阶段、快速生长阶段、缓慢生长阶段和稳定阶段。土壤越接近表层,在入渗初期就越快地饱和。随着沿坡高度的增加,表层水分含量的增加速率逐渐减慢。随着土层深度的增加,含水率的变化具有明显的滞后性。坡脚处水分变化最为显著,入渗深度和饱和带随坡高的增加而减小。地表位移从坡脚到坡肩逐渐增大,并向深度方向明显衰减,水平位移是竖直位移的1/3~1/2。土壤含水量增加越大,地表变形越大。土壤呈现脱水收缩,表面先出现裂隙,并随时间持续蒸发向下膨胀。竖向变形受含水率变化的影响比水平变形大。竖向位移基本与平均增量含水率呈线性关系,但在不同部位表现出一定的差异,这是因为饱和-非饱和边界区域和干湿界面的土体膨胀对膨胀效应起着重要的控制作用。外界水力作用导致边坡含水量场分布不均匀,膨胀土发生膨胀,竖向孔隙水压力变化不大,水平应力和剪应力显著增加,出现应力重分布,在非饱和-饱和边界区域和湿-干界面形成应力集中区引起局部剪切破坏,并逐渐向边坡深部扩展,最终形成多个剪切面,边坡呈现不稳定的趋势。

多年来,在实验室模型箱中开展的普通模型试验取得了大量的研究成果和宝贵的经验,逐步形成了一套较为完整的试验体系。在诸多的模型试验中,以人工降雨条件下的各类边坡试验较多,其中土质边坡的模型试验占据非常高的比例。大量土质边坡试验的成功经验可以为本次的物理模型试验提供可靠的理论支撑,同时为试验正常开展提供技术保障。

6.2 物理模型试验方案设计

6.2.1 滑坡物理模型概化

实际滑坡的影响因素众多,使得开展模型试验的困难很大,因此,对试验方案进行理想化设计,保证最大程度上与原模型保持一致。大型物理模拟试验,即足尺试验,能够得出最接近真实的结果。本次物理模型试验以西吉县硝河乡新庄村南湾组滑坡为地质原型,该滑坡高程1942~1952m,高差约110m,滑坡总体坡度20°~26°,斜坡主轴长约710m,宽约373m,滑面埋深10~18m,是地震滑坡的局部复活,具有典型代表性。物理模型采用1g室内模型试验方法,考虑到试验的可行性,将试验模型与物理模型之间的几何相似比确定为1:75。本次试验中降雨雨强、重力加速度和试验密度相似比确定为1:1:1。

1. 模型试验开展思路

根据收集到的有关地形地貌条件和相关设计方案,借鉴类似模型试验设计,按照缩尺比例在模型箱内设计相应的地层、坡度及边界条件。参考研究区内水文气象资料,根据相似定理设计降雨强度及降雨周期,在模拟周期内按照降雨强度要求进行人工降雨。按照现场实际情况堆填滑坡并在选定位置埋设相应的监测元件,将监测元件与数据采集系统并网,采用自动化监测软件采集相关数据。

本试验整体思路:由于该滑坡近年来只在中上部发生变形破坏,因此本次物理模型试验以变形破坏的局部坡体为主,滑坡长约300m,宽约150m,厚10~18m(图6.2-1)。通过监测滑坡内部不同层位的孔隙水压力变化特征和地表水流量分析总结降雨条件下滑坡堆积体内地下水的渗流规律和降雨入渗量。通过监测坡体内部的土压力变化特征,获取降雨条件下坡体内部的地应力变化规律。借助高清摄像机和三维激光扫描仪,全面获取降雨条件下的斜坡表层位移的变化情况,同时考虑地下水位的变动。

第 6 章　降雨诱发黄土滑坡形成机理物理模型试验

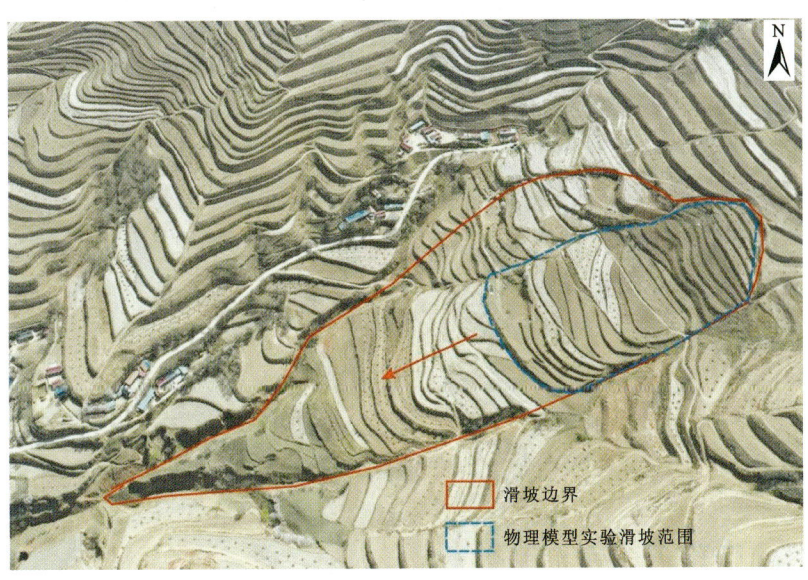

图 6.2-1　物理模型试验滑坡范围

2. 相似指标与模型材料的选定

1）模型试验相似准则

根据相似定理可知，影响滑坡的主要因素有坡体尺寸 L、重量 M、时间 T、降雨强度 q、降雨时间 t、边坡渗透系数 k、应力 σ、黏聚力 c、内摩擦角 φ、孔隙水压力 μ_w、重力加速度 g、密度 ρ 和弹性模量 E 等，用函数形式表示为

$$F(\sigma,c,\varphi,k,t,q,\mu_w,E,\rho,g,L)=0 \tag{6.2-1}$$

依据量纲分析法，从上述 11 个物理量中选取 ρ、g、L 为基础物理量，其中：

$$[\rho]=[L]^{-3}[M]^1 T^0 \tag{6.2-2}$$

$$[g]=[L]^1[M]^0 T^{-2} \tag{6.2-3}$$

$$[L]=[L]^1[M]^0 T^0 \tag{6.2-4}$$

$$且 \begin{vmatrix} -3 & 1 & 0 \\ 1 & 0 & -2 \\ 1 & 0 & 0 \end{vmatrix} \neq 0， \tag{6.2-5}$$

满足基本物理量量纲独立。

根据基本物理量确定 π 矩阵，可得到 $\pi_1 \sim \pi_8$，计算公式如下：

$$\pi_1 = \frac{\sigma}{\rho^1 g^1 L^1} \tag{6.2-6}$$

$$\pi_2 = \frac{c}{\rho^1 g^1 L^1} \tag{6.2-7}$$

$$\pi_3 = \frac{\varphi}{\rho^0 g^0 L^0} \tag{6.2-8}$$

$$\pi_4 = \frac{k}{\rho^0 g^{0.5} L^{0.5}} \tag{6.2-9}$$

$$\pi_5 = \frac{t}{\rho^0 g^{-0.5} L^{0.5}} \tag{6.2-10}$$

$$\pi_6 = \frac{q}{\rho^0 g^{0.5} L^{0.5}} \tag{6.2-11}$$

$$\pi_7 = \frac{\mu_w}{\rho^1 g^1 L^1} \tag{6.2-12}$$

$$\pi_8 = \frac{E}{\rho^1 g^1 L^1} \tag{6.2-13}$$

2)模型试验相似比

根据相似第一定理及对现场的调查,将现场滑坡(p)的长度、宽度、高度等数据按照缩尺1∶75的比例做成试验模型(m)尺寸。实际滑坡与试验模型各物理量之间的相似比例为

$$C_1 = l_m : l_p = 1 : 75 \tag{6.2-14}$$

本试验模型与原型的重力加速度 g 相似比为1,所用材料取自工作区黄土、泥岩和泥质砂岩,且填充时采用现场压实度进行控制,即密度 ρ 相似比为1,进而可得到原型与模型其他物理量的相似比,如表6.2-1所示。最终确定模型尺寸如下:长度3.43m,宽度1m,顶部高度0.88m,土层平均深度0.24m(图6.2-2)。

表 6.2-1 物理模型与原型相似比

物理量	量纲	相似比
长度	$\rho^0 g^0 L^1$	1∶75
面积	$\rho^0 g^0 L^2$	1∶75^2
体积	$\rho^0 g^0 L^3$	1∶75^3
密度	$\rho^1 g^0 L^0$	1∶1
重力加速度	$\rho^0 g^1 L^0$	1∶1
摩擦角	$\rho^0 E^0 L^0$	1∶1
应力	$\rho^1 g^1 L^1$	1∶75
降雨强度	$\rho^0 g^{0.5} L^{0.5}$	1∶$\sqrt{75}$
时间	$\rho^0 g^{-0.5} L^{0.5}$	1∶$\sqrt{75}$

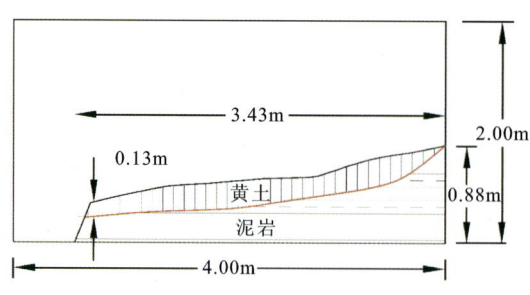

图 6.2-2 物理模型试验概化模型

3)降雨强度相似比

根据西吉县月降雨规律统计,降雨主要集中在 6—9 月,统计 1970 年以来的降雨情况。本次试验受条件限制,考虑西吉县降雨规律情况,选择连续降雨(工况 1)与短时强降雨(工况 2)两种降雨工况,即第一组试验模拟 1979 年 7 月的降雨情况,施加降雨工况 1,对比分析短历时高强度降雨在滑坡失稳机制中的作用;第二组试验施加降雨工况 2,模拟间断性降雨诱发滑坡灾害的成因机制。

降雨时间根据相似原理,近似取 $24/\sqrt{75} = 2.8 \text{h}$,即 2.8h 模拟 1d。

雨强也根据相似比,因降雨系统限制,最低雨强约 10mm/h,所以对降雨时间按相似比进行折减,模拟对应雨强,即将 2.8h 的降雨时间按照雨强相似比进行折减,并分段降雨,将 2.8h(实际 1d)的降雨时间分为 8 段,每段 21min,共计 168min,即实际降雨时间控制为 2.5min 左右。

4)模型材料确定

根据前期勘探结果,该滑坡地层从上到下分为第四系全新统黄土状粉土,古近系清水营组泥质砂岩、泥岩 3 层。

模型中土体材料采用南湾组滑坡坡体中上部土体,去除表面松散土体及耕植土等,将下部黄土运回西安铺设在模型箱内。滑床假定为不变形体,借助砖块和混凝土进行砌筑。

在模型试验选用场地南湾组滑坡上对不同深度土体取样,于室内进行土工试验,确定土体一般物理力学性质。本次选取的土体干密度为 1.43g/cm³,湿密度为 1.66g/cm³,天然内摩擦角为 16.8°,天然黏聚力为 20.0kPa,弹性模量为 7.9MPa,渗透系数为 3.07×10^{-5} cm/s。取样后对土样进行过筛、压密,确保土体物理力学性质相似。

6.2.2 试验系统设计

根据研究目标,结合前人大量的模型试验成果,本次研究试验模型设计包括模型箱设计、降雨系统设计和数据采集系统设计 3 个主要部分和相关配件设施设计。

选取钢材制作模型箱,在加工成合适尺寸后加装透明钢化玻璃,以清晰地观察模型侧面的渗透状态、变形特征等。砖块作为一种最常见的建筑材料,具有价格低廉、易于塑形、搬运等特点,采用砌筑结构可形成多种立体结构。混凝土材料与钢材同样具有很强的可塑性,用于预制滑床和滑面形态。

1. 模型箱设计

模型箱采用方形钢管焊接构成箱体框架,综合考虑汇水区域、滑坡运动距离和相似比,模型箱尺寸长×宽×高为 4.0m×2.2m×2.0m。在模型箱中部采用机砖及混凝土建造一面隔墙,将模型箱分成两个长×宽×高为 4.0m×1.0m×2.0m 的部分,可同时进行两组试验。模型箱的底部和后部采用 1cm 厚钢板密封,箱顶面敞开,方便模拟降雨过程。箱顶设置拉结螺杆,螺杆两端配有双向调节螺母,以保证模型箱在试验过程中不变形。模型箱左右两个侧面采用 12mm 厚钢化玻璃密封,并在左右侧外表面绘制网格线,用于观察土体变形。模型箱内外缝隙采用玻璃胶进行密封。模型箱下部通过两个排水管疏排地表水。

完成钢架玻璃箱体后便可开始砌筑滑床边界,采用砖块、土和混凝土按设计的试验尺寸在模型箱内砌筑坡体(图 6.2-3)。然后在模型箱两侧钢化玻璃外表面上用记号笔划分 10cm×10cm 网格(图 6.2-4),按照设计的边坡尺寸将滑床的坡形勾画出来,用以控制边坡成型。

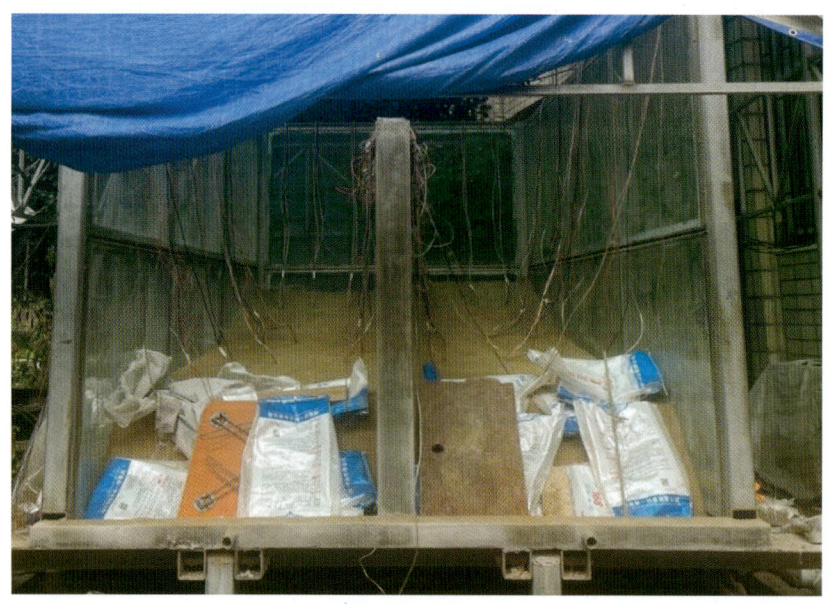

图 6.2-3　试验模型箱

图 6.2-4　物理模型侧面网格线

2. 降雨系统设计

降雨装置采用西安新泽汇测控技术有限公司生产的 XHZ-23 型人工模拟降雨控制系统,该系统可预先设定降雨参数,拥有先进的自控技术,所模拟的雨滴粒径及降雨的动能与天然降雨十分相似。降雨控制系统主要由控制系统、供水系统、降雨系统 3 个部分组成。

控制系统可自动智能调节控制降雨强度,可控制降雨量范围 10～200mm/h,可控制降雨时长 0～600h,可分别控制小雨、中雨、大雨喷头进行不同压强下的单独降雨,或两两组合,或 3 个喷头同时进行降雨,以满足试验降雨强度的要求。其中控制系统还包括降雨采集子系统,配套的雨量计与控制系统相连接,系统测量误差≤2%,可以进行降雨前的雨量标定及降雨过程中雨强自检,通过采集实际降雨量数据,便于与设计值对比修正,并在控制箱内对所有的降雨数据进行采集储存(图 6.2-5、图 6.2-6)。

图 6.2-5　降雨系统安装

图 6.2-6　物理模型试验降雨控制系统界面

供水系统包括 220V 交流电供电系统及抽水泵、1m³ 蓄水箱、水源、喷头供水管道,水源可就近在实验室获取,输送至蓄水箱,并通过抽水泵及供水管道输送至降雨系统喷头内,完成降雨过程。

降雨系统分为 2×2 个降雨单元,4 个降雨单元呈矩形分布,因对模型箱进行了分隔,设计系统时可对模型箱两侧分别进行降雨,模拟不同的雨强。每侧各使用 2 个降雨单元,每个降雨单元包括小雨、中雨、大雨 3 个喷头,通过系统的标定压力控制其降雨强度,喷头高度距模型箱底面 2.5m,确保雨滴更加均匀洒落在模拟滑坡体表面。

3. 数据采集系统安装与调试

数据采集系统包括传感系统和采集系统，其中传感系统包括物探系统、孔隙水压力监测系统、土压力监测系统、体积含水率监测系统、数据采集系统和模型变形监测系统。

1）物探系统

在解决地质问题时，尤其是地下一定深度的地质问题时，电法勘探是广泛采用的方法之一。本次试验主要是为了测量降雨条件下雨水入渗速度及入渗规律，量测出降雨入渗锋面，辅以体积含水率等传感器，对试验模型的入渗及变形规律进行探究。

常规电阻率方法由于其观测方式受限制，不仅测点密度较小，而且很难从电极排列的某种组合上研究地电断面的结构分布和地电信息，反映出地电断面结构特征的地质信息较为贫乏，并很难对结果进行统计处理和对比解释，往往不能满足实际工作的需要。

高密度电阻率法一是以地下被探测目标体与周围介质之间的电性差异为基础，利用人工建立的稳定地下直流电场，依据预先布置的若干道电极灵活选定装置排列方式进行扫描观测，研究地下大量丰富的空间电性特征，从而查明和研究有关地质问题的一组直流电法勘探方法。

高密度电阻率法又是一种阵列勘探方法，野外测量时只需将大量电极置于测点上，利用程控电极转换开关和微机工程电测仪便可实现数据的自动快速采集。将测量结果输入计算机后，通过对实测资料的自动反演处理和直观的图示方法，可反映出地下地电断面不同深度各地层的电性特征。此方法经济较实惠，效率较常规电法更高。

本次试验采用DUK-2A高密度电法测量系统。该系统分为室外电极和室内操作系统两部分，两部分通过国标64p纯铜芯1.27mm彩排线连接。室外部分电极采用15cm长、1cm直径的圆柱形铁钎插入土体，进入土体平均3～4cm，过深将会影响试验结果。铁钎在打孔后的亚克力板上固定，固定间距为6cm，铁钎每10个一组，下端插入土体，上端连接彩排线，并对每根连接后的彩排线按顺序进行编号，使其与室内的操作系统相对应（图6.2-7）。

室内部分仪器采用WDZJ-1多路电极转换器自检器、高密度电法测量系统电极转换器及DZD-6A多功能直流电法（激电）仪（图6.2-8），电源采用60个1号电池直流供电。该部分仪器采用文件化管理，操作方便，抗干扰能力强，测量准确度高，并有利于成果解释，可以实时处理数据，在大屏幕液晶上随时显示各参数的实测折线，且一次测量可以获得多个参数，如视电阻率R、视极化率M_S 6个值、半衰时T_H值、衰减度D值、偏离度r值及综合参数Z_P值等。

图6.2-7 物探系统室外部分

第 6 章　降雨诱发黄土滑坡形成机理物理模型试验

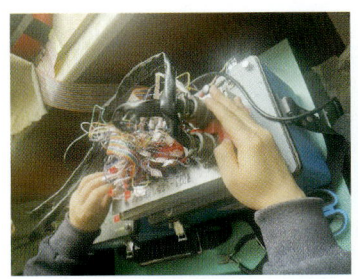  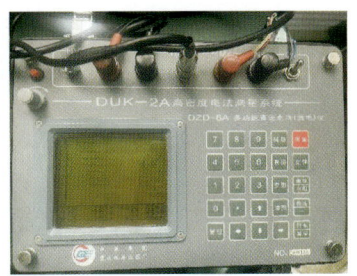

（a）WDZJ-1 多路电极转换器自检器　　　（b）多路电极转换器　　　（c）DZD-6A 多工能直流电法（激电）仪

图 6.2-8　物探系统室内部分

该系统增加了大小电流转换挡和大小输入阻抗变换挡，提高了微弱信号的采集能力，高密度供电电压的极限值为 500VDC，提高了抗干扰能力，增加了补偿自然电位电压值的存储和输出功能。采用 16 位 A/D 和 16 位 D/A，提高了测量采集数据分辨能力；增设每次测量前能自动检测接地电阻功能，对于接地电阻值超值的点给予指示，便于处理资料时能将该点剔除，测量数据的重复性大大地提高，稳定性好。

电流通过直流电激电仪激发，在注入电流后，可在模型试验的铁钎附近测量电场分布，计算出电阻率的分布情况。本次测量主要采用偶极装置中偶极剖面测量法及 $AM\text{-}NB$ 四极装置中温纳剖面测量法两种方法进行测量。

温纳法测量的特点是 $AM=NB$，记录点取在 MN 的中点。当取 $AM=MN=NB=a$ 时，这种对称等距排列称为温纳（Wenner）装置，其优点是测量垂向分辨率相对较高，对地质体垂向分布的反映有比较高的灵敏度。

偶极剖面测量法的特点是供电电极 AB 和测量电极 MN 均采用偶极，并分开有一定距离。由于 4 个电极都在一条直线上，故又称轴向偶极。此法的优点是水平测量分辨率高，但偶极装置受地形影响最为剧烈，考虑地形的因素，其电测剖面形态常常会变得很难辨别。

但本次测量模型剖面地形较为简单，无大的突出及起伏，剖面平直，未布置陡坎等微地貌，故本次试验主要采取偶极剖面测量法测量土体中的雨水入渗规律，辅以部分温纳剖面测量法进行验证，试验结果分析见 6.3 节。

2）孔隙水压力监测系统

孔隙水压力监测系统采用 48 个 BWMK 型孔隙水压力计（图 6.2-9），模型试验箱两侧各布置 24 个，量程 $-50\sim50$ kPa，长度 21mm，直径 15.8mm，准确度误差 $\leqslant 0.3$ F·S，灵敏度 0.2mV/kPa（桥压 2V），具有防水性能，可以静、动态测量孔隙水压力，动态响应频率 1kHz。

布置方式为在滑坡模型表面自坡面向下 8cm、16cm 深度布置两层，并在中间主剖面及两侧辅助剖面共 3 条剖面上，从模型后缘到坡脚 0.5m、1.3m、2.1m、2.9m 和 3.25m 平距处布置 8 个孔隙水压力计，传感器布置见图 6.2-10。

图 6.2-9　BWMK 型孔隙水压力计

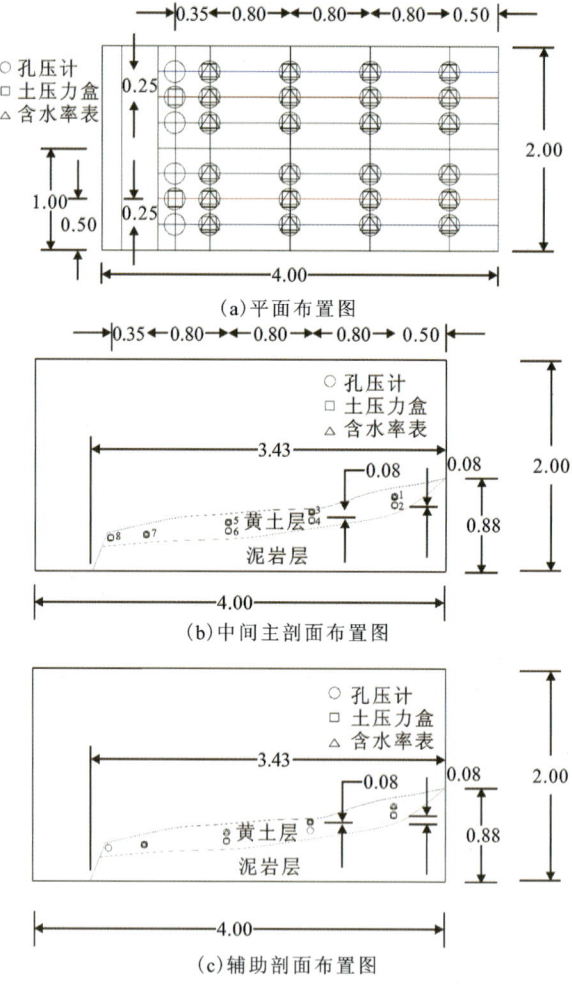

(a)平面布置图

(b)中间主剖面布置图

(c)辅助剖面布置图

图 6.2-10　传感器布置示意图(单位:m)

3）土压力监测系统

土压力监测系统采用32个BWM型土压力传感器（图6.2-11），模型试验箱两侧各布置16个，每个直径28mm、厚度6.5mm、量程-200～200kPa。土压力计准确度误差≤0.2F·S，灵敏度0.2mV/kPa（桥压2V），具有防水性能，可在饱和介质中工作，动态响应频率2kHz。

土压力盒布置时，其光洁面是受力面，另一面是支撑面，埋入土壤中布置方式为在滑坡模型表面自坡面向下8cm、16cm深度布置两层，在中间主剖面上，从模型后缘到坡脚0.5m、1.3m、2.1m、2.9m和3.25m平距处布置8个，并在两侧辅助剖面上，从模型后缘到坡脚0.5m、1.3m、2.1m和2.9m平距布置4个（图6.2-10）。

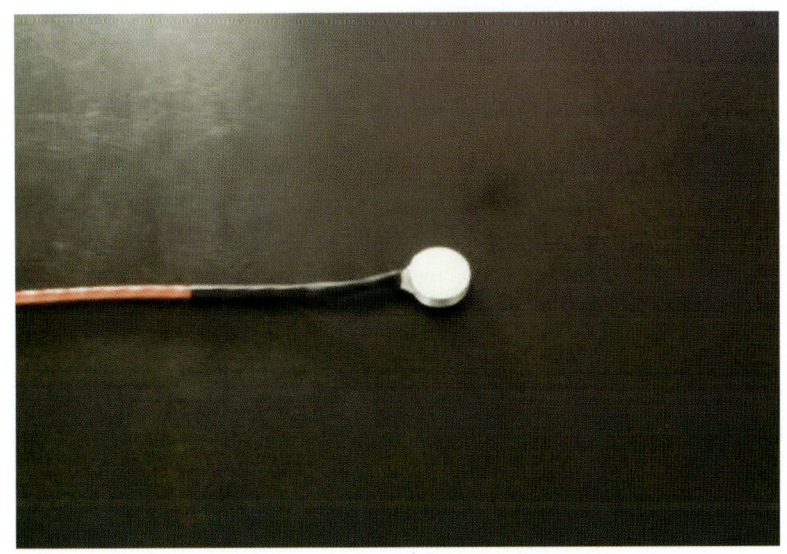

图6.2-11　BWMK型土压力传感器

4）体积含水率监测系统

体积含水率监测系统采用24个体积含水率计（图6.2-12），模型试验箱两侧各布置12个，每个长度70mm、宽度40mm、厚度10mm，探头长度80mm，量程0～100%。

布置方式为在滑坡模型表面自坡面向下8cm布置一层，并在中间主剖面及两侧辅助剖面共3条剖面上，从模型后缘到坡脚0.5m、1.3m、2.1m和2.9m平距处各布置4个，共计12个，体积含水率计布置见图6.2-12。

5）数据采集系统

数据采集系统采用YBY-4010应变分析系统，接收及处理土压力、孔隙水压力传感器的数据（图6.2-13），同时采用YB-R 485数据采集仪采集体积含水率数据（图6.2-14），通过自带的软件系统可将发送的数据传输至电脑，进行收集和处理。

YBY-4010型应变分析系统是一种对各种电阻应变计及应变式传感器进行应变测试的分析系统，可以同时采集40个通道数据。因本次模型试验单侧设置16个土压力盒及24个孔隙水压力计，故连接前16个通道采集土压力数据，后24个通道采集孔隙水压力数据。系统采集数据自动保存的频率本次设置为3s，单次可设置保存100 000个数据，将实时测量数据

图 6.2-12　体积含水率计

以表格的形式存储,适用于长期监测,用于观察连续降雨时坡体内部压力变化,还可以直接在软件中生成相应的数据变化曲线,便于直观了解各传感器数据变化。

而体积含水率通过 YB-R 485 数据采集仪进行数据采集。该采集仪共 20 个通道,其中工况 1 使用 8 个通道,工况 2 使用 12 个通道,用于采集降雨过程中土体内部不同区域的含水率变化数据。数据自动保存的频率本次设置为 3s,单次可设置保存 100 000 个数据,采集完成后数据自动保存至连接的笔记本电脑,并进行下一轮的采集。

图 6.2-13　YBY-4010 应变分析系统

图 6.2-14　YB-R 485 数据采集仪

6）模型变形监测系统

本次物理模型试验采用三维激光扫描仪和高清摄像机进行坡面变形的阶段性采集（图 6.2-15，图 6.2-16），在每轮降雨结束后，辅以手机拍摄照片，以便对坡面每轮降雨后的变形进行对比（图 6.2-17）。在模型箱侧壁采用记号笔画出 10cm×10cm 的网格，观察模型侧面变形、裂缝、入渗等规律（图 6.2-18）。

图 6.2-15　三维激光扫描仪扫描

图 6.2-16　高清摄像机拍摄坡面变形过程

图 6.2-17　手机拍摄模型变形特征

图 6.2-18　模型箱侧壁网格观察

6.2.3 试验工况设计

根据现场调查分析,该滑坡地下水位埋深较浅,且地下水位随着降水量变化。因此,本次试验除了考虑降雨本身的入渗外,还需要考虑坡体内的地下水位变化情况。坡面降雨通过人工降雨实现,地下水位变动通过模型箱侧壁网格线进行量测。因试验条件限制,并考虑岩土体的渗透速率较快实际情况及西吉县降雨规律情况,选择短时的强降雨与多次持续小雨组合模式。

本次研究共采用两种降雨工况进行试验(图 6.2-19、图 6.2-20):①选择月 226.4mm 降雨量(包括强降雨和小雨的组合),并对降雨时间分布进行优化,根据模型试验相似比,确定 2.8h 模拟实际中的 1d,进行周期性加载,直至滑坡破坏;②按照实际情况选择 90.5mm/d 降雨量(包括强降雨和小雨的组合),进行周期性加载,直至滑坡破坏。

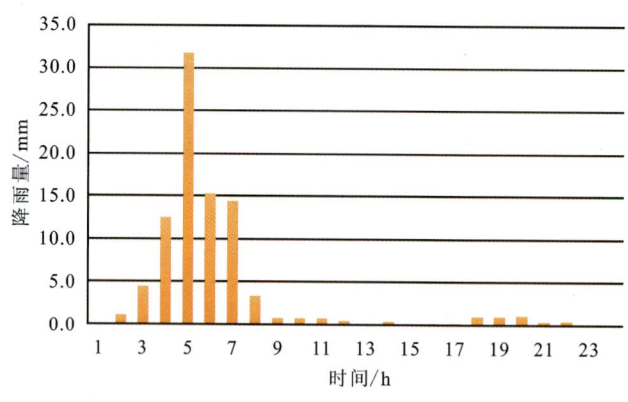

图 6.2-19 工况 1 降雨情况

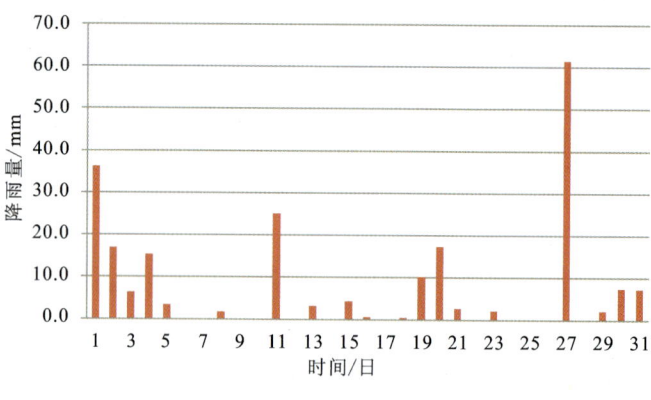

图 6.2-20 工况 2 降雨情况

6.3 物理模型试验结果与滑坡机理分析

6.3.1 工况 1 试验结果

工况 1 为暴雨工况,主要研究强降雨后的边坡变形情况,未采取物探设备进行测量,主要采取侧壁观察及高速摄像机拍照摄像,对坡体变形情况进行观察,并辅以孔隙水压力、土压力、体积含水率 3 种传感器对土体内部含水及应力变化进行监测。

1. 观测湿润锋位置变化及坡面变形

在试验开始后,每隔 21min 在侧壁测计 1 次坡顶、坡体中部及坡体下部湿润锋的运移位置变化(图 6.3-1),绘制湿润锋随降雨时间的变化情况,湿润锋在开始降雨时运移较快,之后运移速度放缓,变化规律较为明显。图 6.3-2 为降雨后湿润锋位置。

图 6.3-1　工况 1 湿润峰观察　　　　图 6.3-2　工况 1 湿润锋位置

坡面变形主要集中在模型的中下部,在降雨开始约 20min,坡体下部开始出现裂缝,随着降雨的不断进行,裂缝增大并向两侧扩展,最终在坡脚形成若干条冲沟。随着降雨的持续进行,冲沟不断向上侵蚀,一般宽度为 10cm,长度为 40~50cm,尤其是左侧冲沟,随 18:08 雨强值 55mm/h 降雨 30min 后,形成了一条长约 1.5m、宽约 30cm 的冲沟,这与南湾组滑坡破坏类型相似(图 6.3-3)。

图 6.3-3　南湾组滑坡下部大冲沟

坡体中部变形迹象主要为坡面裂缝及局部滑动，裂缝主要位于坡面，为拉张裂缝，宽1~2cm，延伸长度20~30cm，贯通性好，深度可在侧壁观察，一般深约5cm。在侧壁可见土体与玻璃存在擦痕，表明滑坡中下部土体有局部下滑迹象，滑动痕迹长约2cm，因本次选择坡面较缓，滑动面坡度小于20°，故坡体未整体下滑（图6.3-4）。

在物理模型坡顶处可见部分拉张裂缝（图6.3-5），裂缝长约40cm，宽约1cm，深度约5cm，贯通性好，形态呈"八"字形分布，由下部土体局部滑移拉裂形成。在后续降雨过程中，裂缝未见明显增大。这与该滑坡实际相符，实地调查中发现该滑坡坡顶出现拉裂裂缝，造成坡顶居民房屋变形及开裂（图6.3-6）。

图6.3-4　滑坡侧壁滑动痕迹　　　　图6.3-5　物理模型坡顶拉张裂缝

图6.3-6　南湾组滑坡坡顶居民房屋变形、开裂

2. 传感器监测坡体内部应力及含水率

1）土压力变化分析

本次试验工况 1 分 3 条剖面共布置 16 个土压力计，中央主剖面布置 8 个，两个辅助剖面分别布置 4 个。土压力计自坡顶 0.5m 开始布置，纵向每隔 0.8m 布置 1～2 个，每层深度分别为 0.08m 和 0.16m。

本次工况 1 降雨试验自 2023 年 10 月 11 日开始，每轮降雨中间隔采用观察、摄像等测量方法。第一轮降雨自 14:26 开始，至 16:03 停止，雨强 35mm/h，时间约 100min；第二轮降雨自 17:40 开始，至 19:00 停止，雨强 55mm/h，时间 80min。试验时长共计约 180min，中间间隔约 100min。采集仪采集间隔为 3s/次。

本次分析这 16 个土压力计中 4 个采集数据，得出入渗规律与土压力的关系。土压力计均垂直放置，对坡体的下滑力进行测量，工况 1 试验中，在纵向分别对主剖面 P1（坡顶上部上层）、P2（坡体中部下层）、P3（坡体下部下层）和 P4（辅助剖面中部上层）4 个土压力计的数据进行分析。工况 1 土压力随降雨时间变化曲线如图 6.3-7 所示。

由图 6.3-7 可见，在初始阶段 50～100min 时，P2、P4 土压力有略微上升的现象，这是因为雨水渗入土体，增加了土的容重。土压力计 P1 位于土体顶部，土压力持续减小，至 300min 才有缓慢上升趋势，这是因为大约 5h 时坡顶出现裂缝，顶部产生部分滑动力，导致土压力增大；P2 土压力计位于坡体中部下层，75～100min 土压力增大之后开始持续减小，表明土体滑移主要为上部滑动，滑动力对下部土体影响微弱，但随孔压的增大，土体有效应力持续性减小；P3 土压力计位于坡体下部上层，土压力先减小后保持稳定，约 200min 后持续增加，表明下部土体此时受滑坡推力作用较为明显；P4 土压力计位于坡体中部上层，土压力在 240min 左右急剧上升，此时中部土层滑移力作用明显，这与观测相一致。在降雨 3h 后，可在模型箱侧壁看到中部有明显擦痕。

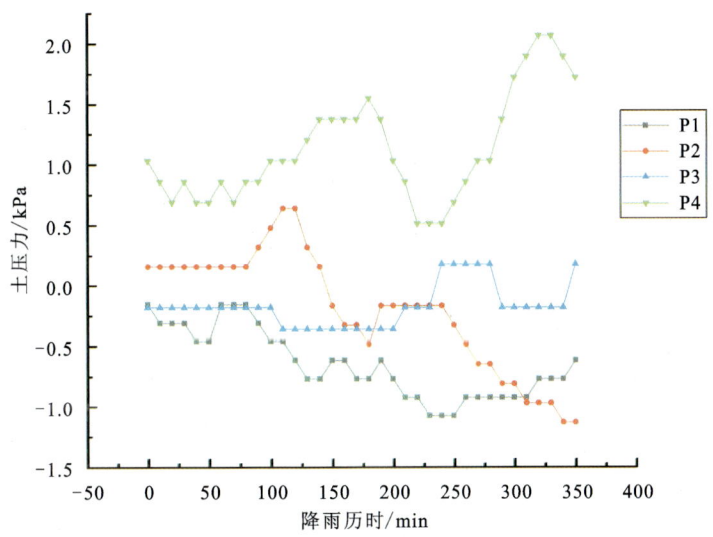

图 6.3-7　工况 1 土压力随降雨时间变化曲线

2)孔隙水压力变化分析

孔压计 U1、U2、U3、U4 布设位置与土压力计 P1、P2、P3、P4 布设位置相同。基于试验数据绘制孔隙水压力随降雨时间的变化曲线如图 6.3-8 所示。由图 6.3-8 可以看出,随着降雨时间的增加,孔隙水压力呈增大趋势,其中 U2 变化最为剧烈,增加趋势最为明显。孔隙水压力的变化可以反映湿润锋的运移情况,在 75min 左右,U1、U2、U3、U4 孔隙水压力变化差异开始明显,说明此时降雨入渗至土层。孔隙水压力随降雨时间增长而逐渐增大,表明水流沿着水平和竖直方向同时发生渗流。各测点在每次降雨结束后并未出现增长速率减缓的情况,说明坡面雨水还在持续入渗,直至土体达到饱和。

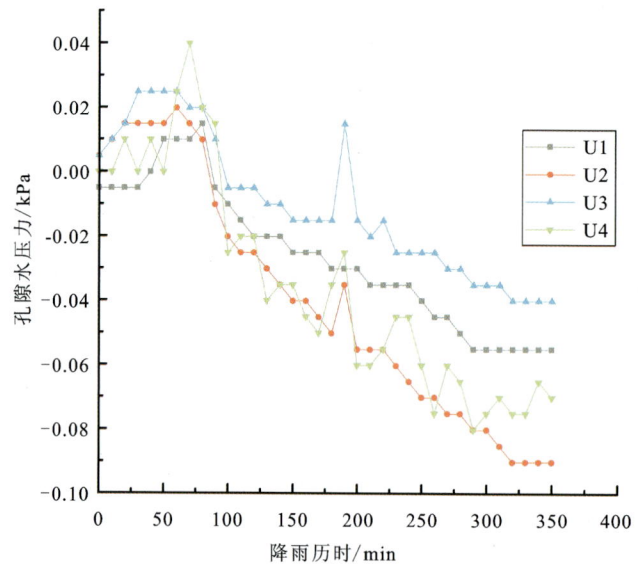

图 6.3-8 工况 1 孔隙水压力随降雨时间变化曲线

3. 体积含水率变化分析

本次试验采用 S1、S2、S3 三个体积含水率传感器数据进行分析,结果见图 6.3-9。3 个传感器布设位置分别为坡顶、中部和坡脚的坡面向下 8cm 处。模型堆土时,各处含水率控制不均,但土体的体积含水率在 200min 时开始响应,即开始增加,最终 3 处土体含水率增加至 45% 左右。后续监测未明显增加,表明土体开始饱和。观测结果表明,土体在此时出现裂缝增大、中部缓慢滑移等特征,与事实相符。

6.3.2 工况 2 试验结果

工况 2 为连续降雨工况,主要研究强降雨后的边坡变形情况。工况 2 试验主要采取侧壁观察及高速摄像机拍照摄像对坡体变形情况进行观察,并辅以孔隙水压力、土压力、体积含水率 3 种传感器对土体内部含水及应力变化进行监测,采取高密度电法对坡体内部电阻率及降雨入渗规律进行分析。

第 6 章　降雨诱发黄土滑坡形成机理物理模型试验

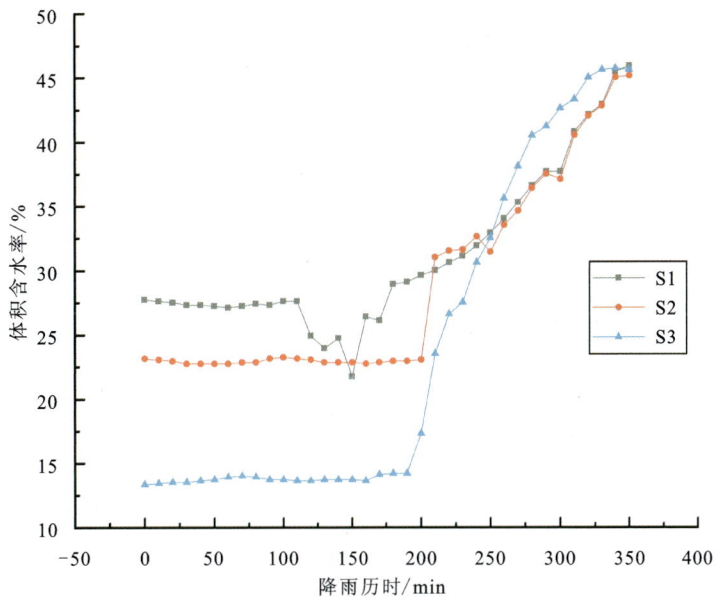

图 6.3-9　工况 1 体积含水率随降雨时间变化曲线

1. 观测湿润锋位置变化及坡面变形

在试验开始后,每隔 21min 在侧壁测计 1 次坡顶、坡体中部和坡体下部湿润锋的运移位置变化(图 6.3-10),并测量坡面裂缝变化扩展情况(图 6.3-11),绘制湿润锋随降雨时间的变化情况。在开始降雨时湿润锋运移较快,之后运移速度放缓,变化规律较为明显,且湿润锋随降雨雨强变化较为明显。

图 6.3-10　工况 2 观察降雨入渗

图 6.3-11　工况 2 测量裂缝长度

在坡面径流的影响下,模拟第 1 天降雨第 3 轮次时坡体下部坡脚出现裂缝,裂缝长约 8cm,宽约 0.5cm,深 1cm。在模拟第 5 天降雨时坡体下部裂缝扩展较快,形成 3 条长约 15cm、宽约 2cm 的平行裂缝。裂缝深约 3cm,产状平行斜坡的倾向,由冲蚀形成,后续观察裂缝扩展缓慢(图 6.3-12),在第 31 天降雨循环完成之后,坡脚部分出现局部滑塌,推测是坡面径流入渗及冲刷形成,在垮塌形成之后,垮塌区域缓慢向坡顶侵蚀(图 6.3-13)。

图 6.3-12 工况 2 坡脚冲蚀裂缝

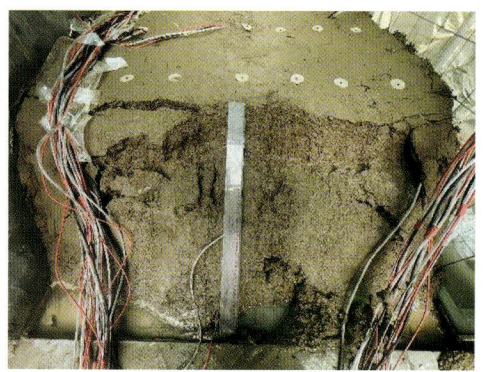

图 6.3-13 工况 2 坡脚局部垮塌

在降雨第 1 天,即模拟降雨第 1 天第 6 轮坡体中部开始出现裂缝,裂缝长 30cm,宽 0.5cm,深约 2cm。在后续降雨过程中,裂缝逐渐扩展为长约 40cm、宽约 2cm 的拉张裂缝,且互相交叉,深约 10cm(图 6.3-14)。随着坡体中部全部被雨水入渗之后,坡体中部拉张裂缝互相贯通,坡体中部土体可见下沉及局部滑移的迹象。

坡顶变形迹象不明显,在第二轮降雨开始之后才开始出现拉张裂缝(图 6.3-15),裂缝扩展较为缓慢,长约 100cm,宽 1cm,初始深约 2cm。随着第二轮模拟 31 天降雨完成之后,深度达到 8cm,坡顶未见滑动的迹象,之后裂缝缓慢扩展、加深、加宽等迹象,这与现实中模拟的滑坡变形情况类似。

图 6.3-14 工况 2 坡体中部拉张裂缝

图 6.3-15 工况 2 坡顶拉张裂缝

第 6 章　降雨诱发黄土滑坡形成机理物理模型试验

2. 监测坡体内部入渗情况

本次试验采取高密度电法物探方法对坡体内部入渗情况进行监测,使用 DUK-2A 高密度电法测量系统。测量之前先对接地电阻进行测量,电阻过大将影响测量结果。本次接地电极共设置 50 根,在接地电阻测量完成且无故障报错之后,开始对坡面进行定期测量。

采用偶极剖面测量法进行测量,间或采用温纳剖面测量法进行对照,每轮测量需耗时 15min,工况 1 降雨为持续降雨,而工况 2 每轮降雨周期为 21min,故仅对工况 2(连续降雨工况)进行高密度电法测量。

模拟第一天 8 轮降雨,每轮降雨后进行物探测量,测量 39～46 号剖面;模拟第二天 8 轮降雨,每轮降雨后进行物探测量,测量 37～53 号剖面。之后因观测降雨入渗较深,未继续使用物探设备进行测量,测量结果如图 6.3-16～图 6.3-30 所示。

从以上结果可以看出,在深度 0.08m,即第一层传感器设置层处,电阻率逐渐减小,在前 5 轮降雨时,电阻率降低明显,第 5 轮之后土体内部电阻率缓慢降低,至 15 轮降雨后,模型电阻率基本可忽略不计,说明该层已接近饱和(图 6.3-31)。

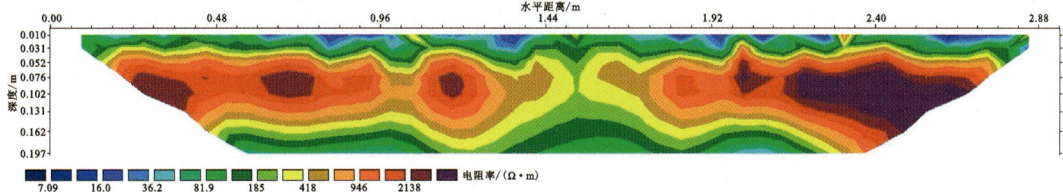

图 6.3-16　36 号电阻率剖面图

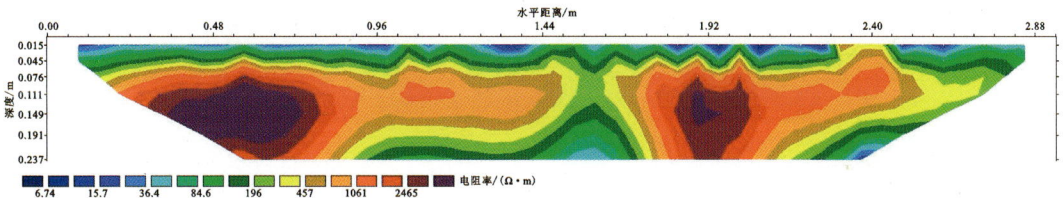

图 6.3-17　37 号电阻率剖面图

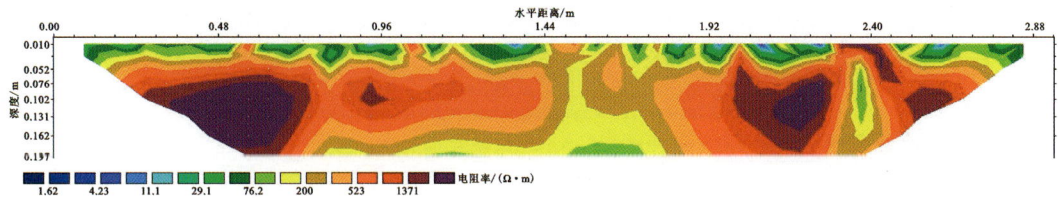

图 6.3-18　38 号电阻率剖面图

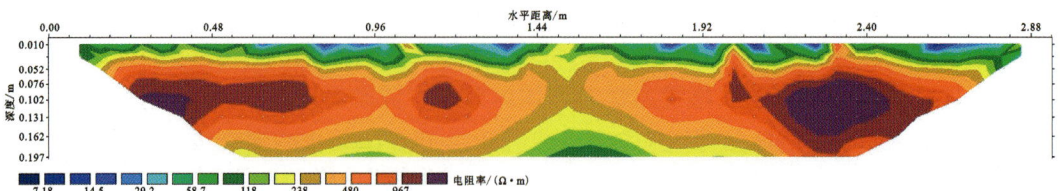

图 6.3-19　39 号电阻率剖面图

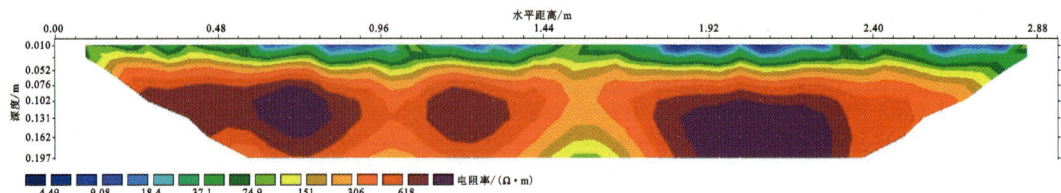

图 6.3-20　40 号电阻率剖面图

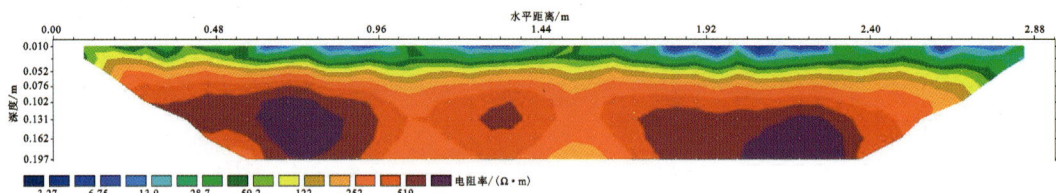

图 6.3-21　41 号电阻率剖面图

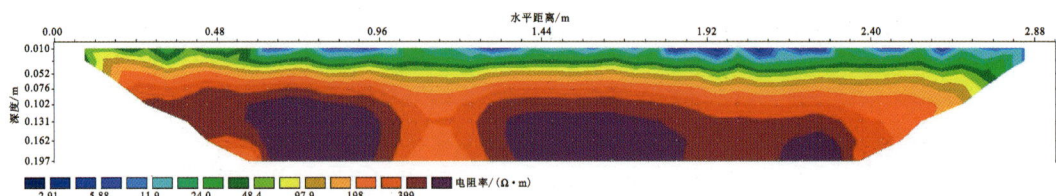

图 6.3-22　42 号电阻率剖面图

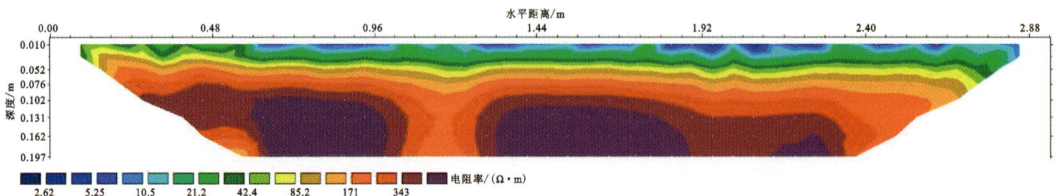

图 6.3-23　43 号电阻率剖面图

第 6 章　降雨诱发黄土滑坡形成机理物理模型试验

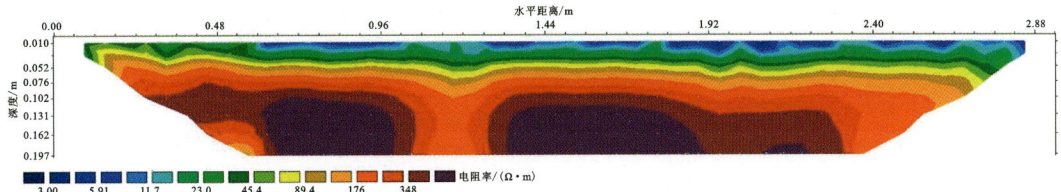

图 6.3-24　44 号电阻率剖面图

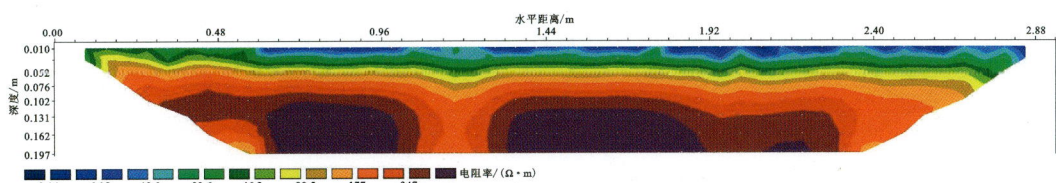

图 6.3-25　45 号电阻率剖面图

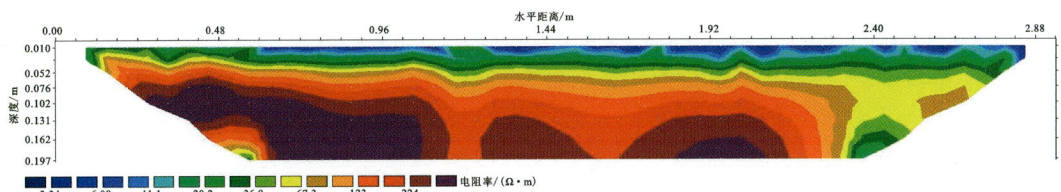

图 6.3-26　47 号电阻率剖面图

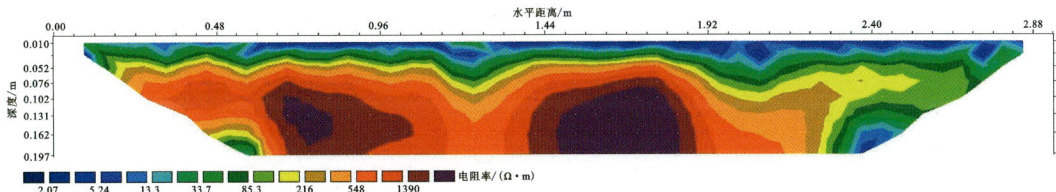

图 6.3-27　50 号电阻率剖面图

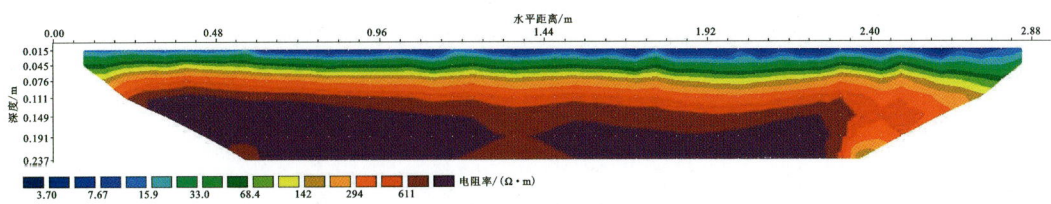

图 6.3-28　51 号电阻率剖面图

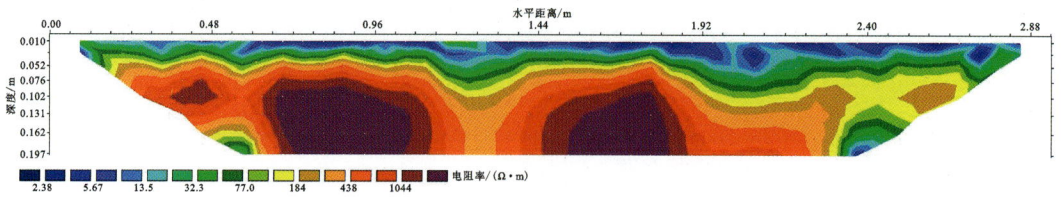

图 6.3-29　52 号电阻率剖面图

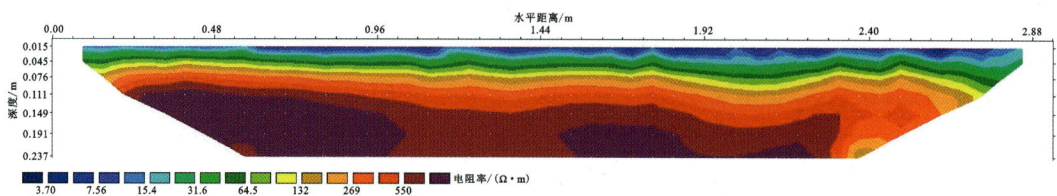

图 6.3-30　53 号电阻率剖面图

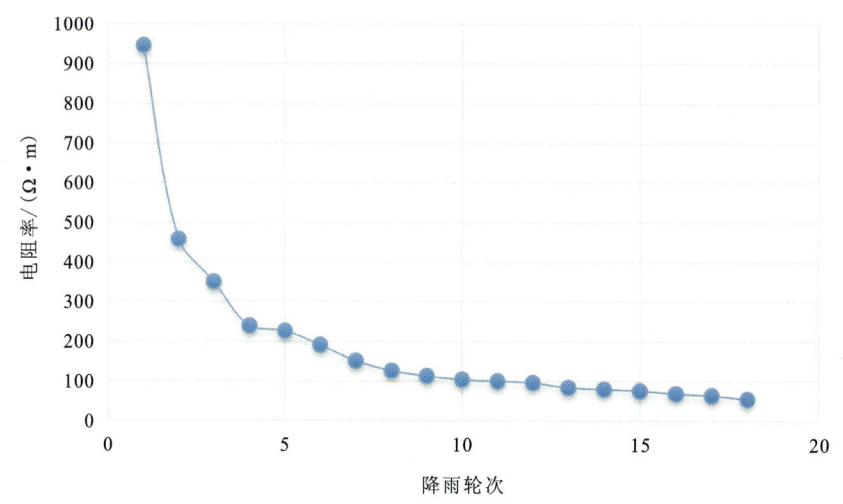

图 6.3-31　深度 0.08m 处模型电阻率变化情况

根据观测数据，第 5 轮降雨后坡面土体入渗深度基本达到 3～8m，坡体中部及下部部分区域入渗较深，可达 8cm（图 6.3-32），其余部分入渗深度 3～5cm，在时间与空间上观测数据和物探结果一致。而在第 6 轮降雨后，坡体中部开始出现裂缝，对应坡体中部接近饱和，电阻率变化减缓。

而在深度 0.16m（图 6.3-33），即第二层传感器设置处，电阻率初始值较大，在前两轮降雨时电阻率减小较快，而第 3 轮降雨至 17 轮降雨时电阻率持续降低，表明雨水在此时缓慢下渗，至 17 轮降雨后，模型电阻率降低幅度大幅减小，说明该层已接近饱和。这在时间与空间上，与现实变形破坏模式基本一致（图 6.3-34）。

第 6 章　降雨诱发黄土滑坡形成机理物理模型试验

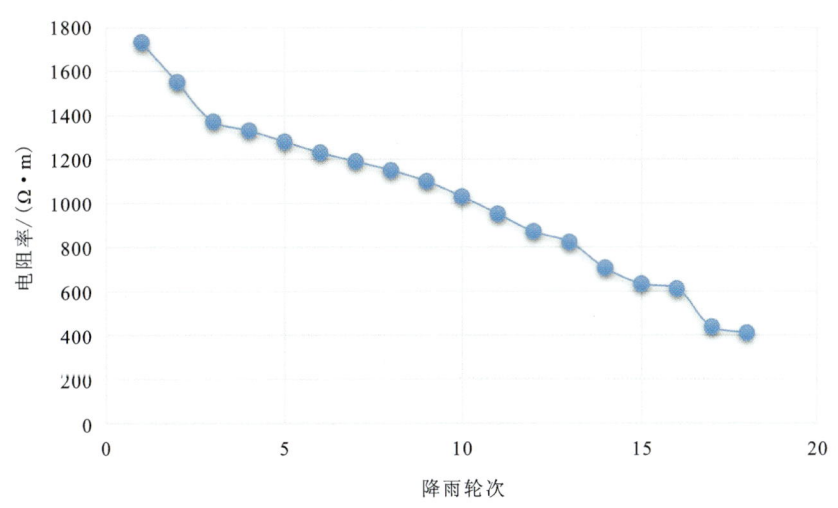

图 6.3-32　深度 0.16m 处模型电阻率变化情况

图 6.3-33　工况 2 第 5 轮降雨（入渗约 8cm）

图 6.3-34　工况 2 第 16 轮降雨（入渗约 16cm）

3. 监测坡体内部应力及含水率

1）土压力变化分析

本次试验工况 2 分 3 条剖面，共布置 16 个土压力计，中央主剖面布置 8 个，两个辅助剖面分别布置 4 个，土压力计自坡顶 0.5m 开始布置，纵向每隔 0.8m 布置 1～2 个，每层深度分别为 0.08m 和 0.16m。

本次工况 1 降雨试验自 2023 年 10 月 11 日开始，每轮降雨周期 21min，试验过程中间隔采取观察、摄像等测量方法收集数据。第一轮降雨自 10 月 15 日 9:00 开始，至 10 月 20 日 21:20 停止，历时约 132h；第一轮模拟 31 天降雨结束后，直至 10 月 22 日 9:00 观察变形，期间为降雨，历时 36h；第二轮降雨自 10 月 22 日 9:00 开始，至 10 月 26 日 16:17 停止，历时约 103h。工况 2 降雨时长共计约 271h，除中间观察变形外，共计进行了两轮模拟 31 天连续降雨的模拟。采集仪采集频率为 3s/次，后期数据已稳定不变，本次取前 160h 数据进行分析。

本次对这 16 个土压力计中的 4 个采集数据，分析坡体内在入渗规律与土压力的关系。

土压力计均垂直放置,对坡体的下滑力进行测量,工况 1 在纵向分别采取 P1(主剖面坡顶上部上层)、P2(主剖面坡体中部上层)、P3(辅助剖面下部下层)和 P4(主剖面坡脚下层),共计 4 个土压力计的数据进行分析。工况 2 坡体土压力随降雨时间变化曲线如图 6.3-35 所示。

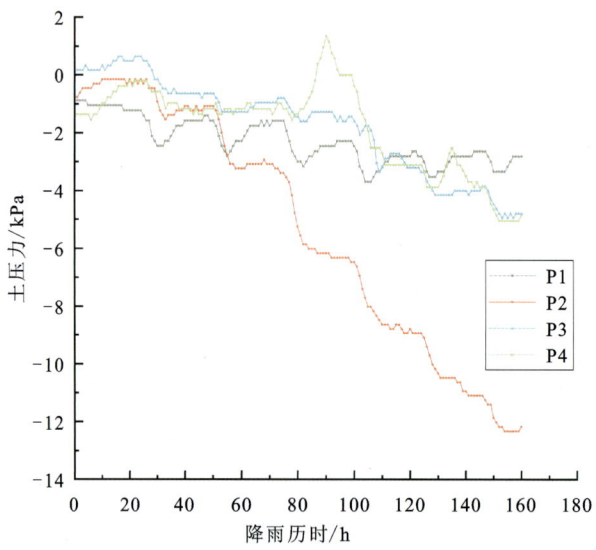

图 6.3-35　工况 2 坡体土压力随降雨时间变化曲线

由图 6.3-35 可知,坡体的横向土压力整体趋势是逐渐增大的,局部因为周期性降雨有所波动。P1、P3、P4 土压力增大的趋势基本相似,表明模型斜坡整体土压力增加趋势相似,而坡脚传感器 P4 在约 80h 时,第一轮降雨即将结束,土压力突然减小,这是由于下部坡脚土体出现部分滑塌,坡体趋于稳定后,传感器 P4 处受到坡体中部土体压力作用,读数开始继续呈上升趋势,直至试验结束。传感器 P2 处土压力读数上升趋势尤为明显,原因是自降雨开始,坡体中部雨水入渗速度明显快于上部及下部坡脚处,且入渗规模也大于顶部及下部坡体,该处由于土体湿润,密度增加,且土体黏聚力及内摩擦角减小,下滑力增加明显,故该剖面土压力计读数较大,这与实际试验结果相符。

2)孔隙水压力变化分析

孔压计 U1、U2、U3、U4 布设位置与土压力计 P1、P2、P3、P4 布设位置相同。按降雨历时绘制孔隙水压力随降雨时间的变化曲线,如图 6.3-36 所示。由图 6.3-36 可以看出,随着降雨时间的增加,孔隙水压力整体呈逐渐增大趋势,读数在波动中逐渐上升,波动周期约为 24h,这是夜间不进行降雨试验,土体内部地下水径流排泄所致。

4 个孔压计中 U2 及 U3 读数相对小,顶部 U1 读数相对大,分析原因可能是坡顶地下水径流排泄较为困难。U4 读数变化最为剧烈,增加趋势最为明显,这是因为坡脚处不仅受雨水入渗的影响,也受坡面地表径流入渗影响,坡脚含水率高,孔隙水压力最大,这与体积含水率表的读数一致,也符合现场物理模型试验的结果。

3)体积含水率变化分析

第 6 章 降雨诱发黄土滑坡形成机理物理模型试验

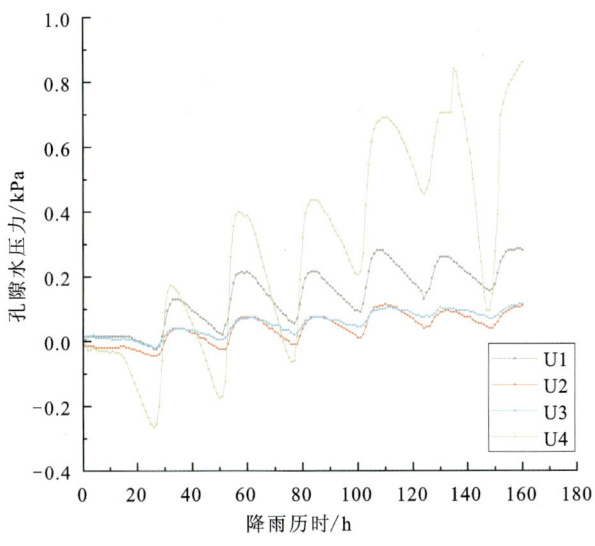

图 6.3-36　工况 2 坡体孔隙水压力随降雨时间变化曲线

本次采用 S1、S2、S3、S4 四个传感器数据对坡体体积含水率进行分析（图 6.3-37）。4 个传感器位置与孔压计、土压力计布置位置相同，布置深度为 12cm。模型堆土时，各处含水量控制不均，但土体的体积含水率在 50h 时开始响应，之后缓慢增加，第一轮降雨结束至第二轮开始时，降雨历时 130～150h，体积含水率减小趋势不明显，表明该地区黄土土体内部径流不明显，除非遇到裂缝、落水洞等会迅速排泄。第二轮降雨开始后，土体很快达到饱和，各处体积含水率表读数增长缓慢，唯坡顶的体积含水率未停止增长。

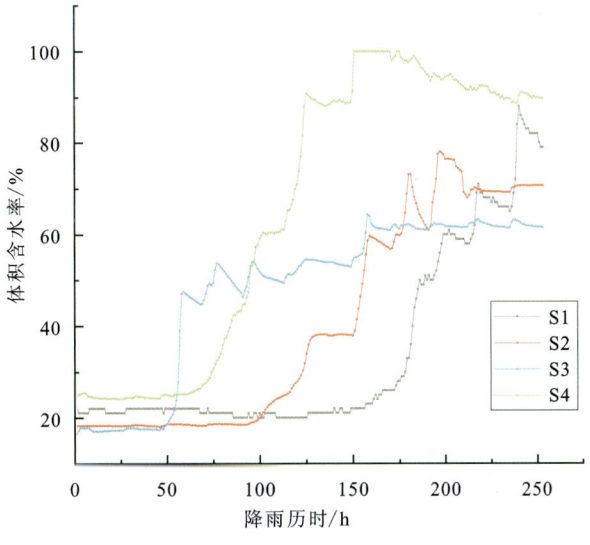

图 6.3-37　工况 1 体积含水率随降雨时间变化曲线

由图 6.3-37 可知，坡顶 S1 含水率表读数自 120h 时开始增加，表明坡顶土体入渗缓慢，在 150h 左右时，其余 3 处含水率已基本稳定，而坡顶由于无径流补给，在第二轮降雨结束时才接近饱和,这与试验时坡顶裂缝出现最迟(出现于第二轮降雨即将结束时)吻合。坡体中部 S2 体积含水率表在第一轮模拟 31 天的降雨 100h 时,读数开始上升,这与在坡体侧壁观察湿润锋相吻合。S2 在第二轮降雨中期达到饱和,体积含水率接近 70%。坡体下部 S3 体积含水率表受径流入渗及降雨双重影响,在降雨开始 50h 后开始响应,并在第二轮降雨刚开始时便达到饱和,体积含水率约 60%。坡脚的体积含水率表 S4 读数变化最为明显,因其受径流及入渗最为强烈,在第一轮降雨结束时已达到饱和状态,体积含水率约 85%,降雨后夜间坡脚发生小型滑塌,体积含水率表 S4 直接在坡脚接受径流冲刷,读数基本稳定在 100%,这与模型试验结果相符。

6.3.3 模型试验与现场试验对比

本次模型试验模拟了南湾组滑坡的降雨入渗破坏机理,模拟土体为已揭示的 1.0~18.0m 第四系全新统(Qh)黄土,而现场降雨入渗试验主要对杨明组滑坡、西坡组滑坡共计两处进行了降雨模拟及结果分析,两处只取试验处表层黄土的物理力学性质进行分析比对,以下为 3 处滑坡的黄土物理力学性质对照表(表 6.3-1)。

表 6.3-1 试验土体物理力学性质对比

统计项目	黄土状粉土(Qh)(平均值)		
	南湾组滑坡	杨明组滑坡	西坡组滑坡
天然含水率 $W/\%$	16.16	20.65	23.0
天然密度 $\rho/(g \cdot cm^{-3})$	1.66	1.703	1.29
干密度 $\rho_d/(g \cdot cm^{-3})$	1.43	1.66	1.25
孔隙比 e	0.9	0.637	1.17
饱和度 $S_r/\%$	49.93	89.23	18.0
液限 $W_L/\%$	27.54	27.5	25.9
塑限 $W_P/\%$	17.49	16.73	16.0
湿陷系数 δ_{zs}	0.02	0.001	0.115
天然内摩擦角 $\varphi/(°)$	27.01	26.78	26.34
天然黏聚力 c/Pa	32.21	37.35	33.13
饱和内摩擦角 $\varphi/(°)$	22.14	23.27	21.69
饱和黏聚力 c/Pa	21.19	28	20.73

由表 6.3-1 可知,南湾组滑坡天然含水率低于另外两处滑坡,而模型试验土体的密度、孔隙比、饱和度为现场试验两者中间值,液塑限及湿陷系数略大于另两处。对于黏聚力和内摩擦角,南湾组滑坡与西坡组滑坡相近,略小于杨明组滑坡。由此可得,模型试验所选滑坡土体

第 6 章 降雨诱发黄土滑坡形成机理物理模型试验

与西坡组滑坡物理力学性质相近,杨明组滑坡土体物理力学性质极不稳定。因此,本次试验重点与西坡组滑坡进行对比。

现场试验表明,单一的自然降雨条件往往很难引起坡体变形破坏,短时强降雨更容易形成坡面泥流,而间歇式的降雨有利于土体中的水分下渗,随着斜坡坡度的增加,降雨入渗深度减小。在模型试验中暴雨工况下,坡面迅速破坏,裂缝冲沟发育较多,在连续降雨中,物探测量土体电阻率随降雨轮次增加而增长率降低,而土体上部含水率增加较快,中下部含水率增长较慢。以上均表明模型试验与现场试验结果相同。

在土体压力观测中,现场试验表明降雨入渗与土体孔隙水压力变化有一定的正相关性,但整体变化幅度明显较小,前缘切坡后,土体压力迅速增大到峰值,坡体滑塌破坏。本次模型试验未进行前缘切坡,但与现场试验相似,产生了前缘滑塌,滑塌之后前缘的土压力减小,其余土压力变化与现场试验相同,均表明土压力变化与裂缝发育、水体入渗正相关。

综合研究表明,南湾组滑坡物理模型试验与西坡组滑坡现场试验的结果相近,两处岩土体物理力学性质相近,破坏变形规律基本一致。

6.4 小 结

本次模型试验开始于 2023 年 10 月 10 日,结束于 2023 年 10 月 27 日,历时 18d,完成了两个工况(短时暴雨及连续降雨)的物理模拟试验,按 1∶75 的比例将现实滑坡缩小,研究降雨对滑坡的影响。本次试验数据采集手段主要有高速摄像机拍摄滑坡变形,侧壁网格测量入渗锋面深度,定期观察坡面裂缝、变形,高密度电法测量坡体内部电阻率,土压力计、孔隙水压力计及体积含水率计等传感器测量土体内部数据。

分析基于以上手段收集的数据,可对模型变形破坏模式与内部压力变化产生一定的认识,并同降雨入渗时长、强度联系起来,对不同降雨模式下模型或实际滑坡的变形破坏进行解释及预测。

工况 1 短时集中强降雨试验主要探究坡体表面的变形破坏模式、裂缝产生位置及大小、坡体是否会产生整体滑动等。根据试验结果,在短时强降雨后,由于入渗不及时,地表水径流较连续降雨时更多,故坡面地表水对于坡体下部及坡脚冲蚀更为剧烈。短时强降雨时坡体的主要变形破坏模式为坡脚处的局部变形破坏,发生局部的滑动、崩落,变形破坏区域向坡体上部侵蚀,在坡体上部造成拉裂变形破坏,主要的表现形式为拉张裂缝。

工况 2 连续降雨工况除了对坡体的变形破坏特征进行研究外,还可以探究不同降雨时长、强度影响下,坡体内部雨水的渗透深度、湿润峰面位置及内力变化与坡面变形之间的关系。在降雨初期,坡体中部雨水入渗较多,黄土饱和、湿陷,并产生部分拉张裂缝;在模拟 31 天的降雨后期,由于坡面整体接近饱和,在地表径流及入渗的影响作用下,坡体下部及坡脚位置变形破坏迹象加重,形成小型滑塌及冲沟,这与南湾组滑坡下部冲沟类似。坡顶土体受到地表水影响较小,加之坡度较大,降雨入渗深度及速度小于坡体中下部,故在第二轮的 31 天降雨循环中才开始发生拉张裂缝等变形,这与调查中实地坡顶裂缝拉裂居民房屋的特征类似。在土体降雨循环过程中,降雨间隔时期土体内部孔隙水压力降低速度较快,但其整体呈增加的趋势，而在孔压周期变化时，土体内部的土压力并未减慢其增加的趋势，这表明在现实中滑坡区降雨结束后，土体内部土压力还处于若干天的持续增加趋势，此时滑坡仍有变形破坏甚至滑动的风险。

本次模型试验验证了降雨入渗物理模型与现实滑坡之间的破坏迹象相互对应关系，试验结果与南湾组滑坡原型一致，并验证了滑坡的破坏模式，研究了滑坡变形破坏机理，可为今后该处黄土滑坡降雨时的内力变化、入渗规律及破坏特征分析和预测提供依据，研究结果对宁夏南部地区的滑坡防治工作有一定的促进作用。

第 7 章 基于数值模拟的黄土斜坡降雨入渗与稳定性分析研究

7.1 数值分析和降雨入渗理论基础

7.1.1 数值分析理论基础

随着计算机技术的发展,我国的岩土工程领域获得了长足的进步。有限元法作为分析连续介质的方法,在工程分析中具有离散元法等别的模拟方法所不具备的适用性、广泛性和通用性,有限元模拟分析软件也可与很多其他工程软件,如 AutoCAD 等结合解决工程问题。自 20 世纪 50 年代发展至今,有限元法已经解决了很多别的手段难以准确求解的复杂工程问题,目前已经延伸至其他相关领域,包括温度场、渗流、应力场耦合等,并取得了很好的效果。

有限元法的原理是用一系列相互关联的连续单元体代替现实中的岩土体,通过定义这组单元体和实际岩土体相同的边界条件、物理力学性质、变形性质等,建立方程组(包括边界条件、受力分析、变形分析 3 组),求解方程组得到各单元的应力和应变。有限元法求解按未知量的选择可分为位移型、平衡型和混合型,以节点位移作为未知量是位移型计算方法,以节点受力为未知量是平衡型计算方法。位移型的算法相对简单,对计算机的要求相对于应力平衡方法也较低一些,所以位移型的计算方法适用性更为广泛。

7.1.2 斜坡稳定性分析

1. 数值分析的基本原理

(1)有限元法的基本原理。有限元法是解决微分方程的数值计算方法,因其灵活性、速度快和有效性而迅速成为各个领域解决数学方程的通用近似计算方法。岩土体弹塑性理论将受力引起的变形分为可恢复弹性变形和不可恢复塑性变形两个部分,分别使用弹性胡克定律和塑性理论进行计算。岩土体是否处于塑性变形状态通常由莫尔-库仑准则确定。

(2)强度折减法的基本原理。强度折减法是在外部载荷不变的情况下,通过逐步降低土体的抗剪强度参数,计算岩土体内部土壤施加的最大剪切强度与坡上由外部载荷产生的实际剪切应力的比值,该比值即坡体的稳定系数。若坡体稳定性达到临界状态,认为斜坡破坏。

2. 数值分析的步骤

(1)建立黄土边坡的有限元模型。利用 MIDAS GTS NX 软件建立黄土边坡的有限元模型,考虑实际几何形状、土体力学参数和边界条件等因素。

(2)确定土体力学参数。使用实际的岩土体试验数据确定模型中所用的土体力学参数,包括弹性模量、泊松比、内摩擦角、黏聚力等。

(3)设定边界条件。在数值模拟中设定合适的边界条件,模拟实际工程中的约束和载荷情况,包括边坡的支护和坡脚的约束、降雨入渗面等。

(4)进行数值分析。利用 MIDAS GTS NX 软件进行数值分析,计算黄土边坡在降雨条件下的稳定性,采用强度折减法评估斜坡的稳定性。

(5)结果分析。分析数值模拟的结果,评估黄土边坡在不同降雨条件下的稳定性。

7.1.3 数值模拟计算方法

岩土体的有效应力弹塑性本构模型(图 7.1-1)可用有效应力增量 $d\sigma'$ 和应变增量 $d\varepsilon$ 表示如下:

$$\{d\sigma'\} = \left[[D] - \frac{[D]\left\{\frac{\partial g}{\partial \sigma'}\right\}\left\{\frac{\partial f}{\partial \sigma'}\right\}^T[D]}{A + \left\{\frac{\partial f}{\partial \sigma'}\right\}^T[D]\left\{\frac{\partial g}{\partial \sigma'}\right\}} \right] \{d\varepsilon\} = [D]_{ep}\{d\varepsilon\} \quad (7.1\text{-}1)$$

式中:$[D]$ 为弹塑性矩阵;f 为屈服函数;g 为势函数。

弹性矩阵 $[D]$ 表达式如下:

$$[D] = \frac{E(1-\nu)}{(1+\nu)(1-2\nu)} \begin{bmatrix} 1 & \frac{\nu}{1-\nu} & \frac{\nu}{1-\nu} & 0 & 0 & 0 \\ \frac{\nu}{1-\nu} & 1 & \frac{\nu}{1-\nu} & 0 & 0 & 0 \\ \frac{\nu}{1-\nu} & \frac{\nu}{1-\nu} & 1 & 0 & 0 & 0 \\ 0 & 0 & 0 & \frac{1-2\nu}{2(1-\nu)} & 0 & 0 \\ 0 & 0 & 0 & 0 & \frac{1-2\nu}{2(1-\nu)} & 0 \\ 0 & 0 & 0 & 0 & 0 & \frac{1-2\nu}{2(1-\nu)} \end{bmatrix} \quad (7.1\text{-}2)$$

式中:E 为弹性模量;ν 为泊松比。

当土壤处于破裂表面上时,可以使用莫尔-库仑准则,假设相应的流动规律是 $g=f$,则莫尔-库仑屈服函数为

$$f = -c'\cos\varphi' - \frac{1}{3}I_1\sin\varphi' + \sqrt{J_2}\left[\sin\left(\theta + \frac{\pi}{3}\right) - \frac{1}{3}\cos\left(\theta + \frac{\pi}{3}\right)\sin\varphi'\right] \quad (7.1\text{-}3)$$

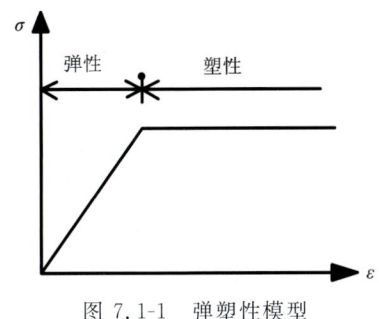

图 7.1-1 弹塑性模型

式中：c' 为有效黏聚力；φ' 为有效内摩擦角；$I_1 = \sigma'_{kk} = \sigma'_1 + \sigma'_2 + \sigma'_3$，为第一个有效应力的不变量；$\theta = \dfrac{1}{3}\cos^{-1}\left(\dfrac{3\sqrt{3}J_3}{2J_2^{3/2}}\right)$，为应力洛德角；$J_2 = \dfrac{1}{2}s_{ij}s_{ji} = \dfrac{1}{6}[(\sigma'_1-\sigma'_2)^2+(\sigma'_2-\sigma'_3)^2+(\sigma'_3-\sigma'_1)^2]$，为第二个偏差应力不变量；$J_3 = \dfrac{1}{3}s_{ij}s_{jk}s_{ki} = \dfrac{1}{27}(2\sigma'_1-\sigma'_2-\sigma'_3)(2\sigma'_2-\sigma'_1-\sigma'_3)(2\sigma'_3-\sigma'_1-\sigma'_2)$，为第三个偏差应力不变量。

式(7.1-2)可以改写成有限元形式，并通过边界条件求解。

强度折减法的计算方法是逐渐降低剪切强度指数，同时按照折减系数 F_{sr} 对 c 和 φ 进行折减，以获得新的一组强度指标 c 和 φ，进行有限元分析并重复计算，直至坡面达到临界破坏状态。此时所采用的强度指标与岩土体原始强度指标的比值即为坡体的稳定系数 F_s，公式如下：

$$c = c/F_{sr} \tag{7.1-4}$$

$$\varphi' = \mathrm{acrtan}(\tan\varphi/F_{sr}) \tag{7.1-5}$$

7.2 有限元模型建立与降雨工况设计

本研究对南湾组滑坡进行了现场和室内降雨入渗物理模型试验，在此基础上通过数值模拟进行研究。

7.2.1 基本假设

在建立模型时，假设：① 平面应力状态；② 岩土体为均匀弹性各向同性材料；③ 岩土体服从莫尔-库仑破裂准则。

7.2.2 几何模型

通过分析相关信息，结合研究目的及现场调查和室内试验获取的数据，建立在不同坡高和不同坡角下的二维几何模型，以研究坡度和坡高对坡稳定性的影响。每个计算模型坡顶和坡底的外延尺寸统一为 100m，以满足计算要求。南湾组滑坡物理模型试验几何模型如图 7.2-1 所示，网格单元划分如图 7.2-2 所示。

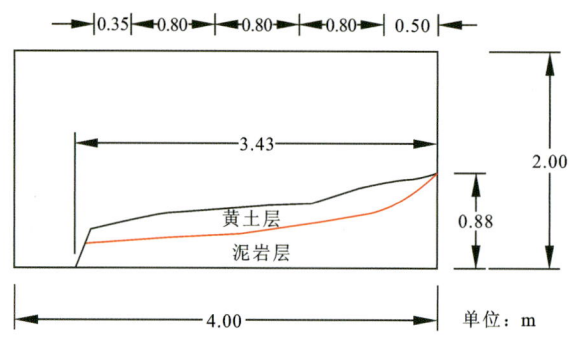

图 7.2-1　南湾组滑坡物理模型试验几何模型

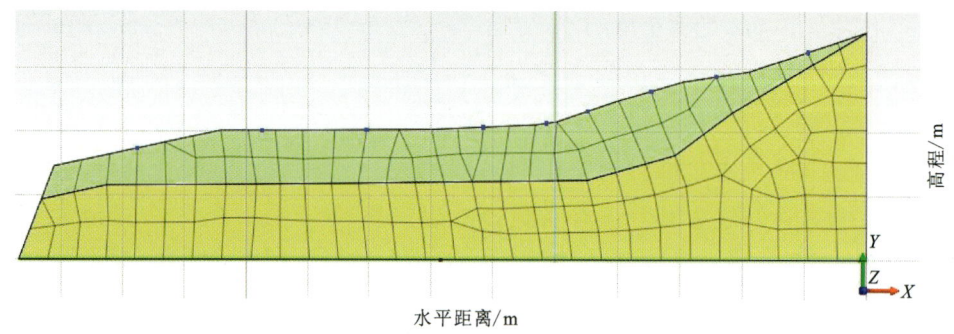

图 7.2-2　南湾组滑坡物理模型试验斜坡网格单元划分图

7.2.3　边界条件

为了弥补现场降雨入渗和物理模型试验监测和规律揭示的不足,需进行降雨条件下雨水的入渗规律及边坡的应力-应变规律研究,因此模型的边界设定如下:左边界、右边界和下边界为固定边界,且为隔水边界,坡面和坡肩为自由边界、入渗边界,降雨施加边界与试验原型一致。

7.2.4　模拟工况

为了使现场降雨与物理模拟过程吻合,选择暴雨工况和连续降雨工况进行模拟(表 7.2-1、表 7.2-2)。

表 7.2-1　暴雨工况参数表

降雨轮次	降雨时间/h	降雨量
1	1	第一小时 50mm
2	1	第二小时 50mm
3	1	第三小时 50mm
4	1	第四小时 50mm
5	1	第五小时 50mm
6	1	第六小时 50mm

表 7.2-2　连续降雨工况参数表

降雨轮次	降雨时间/min	雨强/(mm·h^{-1})
1	21	38
1	21	16
2	21	10
2	21	16
3	21	26
3	21	10
4	21	10
4	21	10
5	21	16
5	21	16
6	21	55
6	21	10
6	21	10

7.2.5　材料参数选取

在土工试验数据统计的基础上,结合区内地质环境条件、斜坡结构特征、性状、坡体变形破坏特征及其空间变化情况及反算结果综合确定坡体土样物理力学参数。物理力学参数确定的主要原则如下:

(1)充分分析和利用试验成果,如土体抗剪强度参数的算术平均值、方差、变异系数、最大值、最小值及标准值等,并充分考虑各样品及试验结果的代表性。

(2)充分结合野外地质调查和工程编录情况,根据调查和工程揭露的性状,类比代表性的样品分析结果拟定试算参数。

(3)充分考虑地表变形破坏特征,并根据地表变形破坏特征校核稳定性计算结果。

(4)充分考虑区内岩土体物理力学性质的变化,根据经验数据及试验结果(表 7.2-3),并参考工程地质手册和邻近工程类比资料,确定土体弹性模量为 78.5MPa,泊松比为 0.33~0.35。

表 7.2-3　岩土体物理力学参数表

岩土体	弹性模量/(kN·m^{-2})	容重/(kN·m^{-3})	饱和容重/(kN·m^{-3})	泊松比	黏聚力/(kN·m^{-2})	内摩擦角/(°)
黄土	7403	14	19	0.35	10	10
泥岩	7708	20	18.5	0.33	50	30

7.3 数值模拟结果分析

用强度折减法计算斜坡模型在降雨条件下的稳定系数。结果显示,滑坡第1小时稳定系数 F_s 为1.36,第3小时稳定系数 F_s 为1.32,第6小时稳定系数 F_s 为1.37。不同时间斜坡位移和有效应变云图如图7.3-1~图7.3-6所示。由位移云图可知,斜坡最大位移均位于后部表层,潜在滑移面位于后部滑带附近。这表明在降雨条件下,该斜坡为推移式滑坡,其变形破坏易在后部开始,前缘只会发生浅表层滑塌和冲刷变形破坏,与现场变形迹象和物理模型试验结果相吻合。同时可以看到,虽然前缘滑面很缓,但是随着雨水的入渗,其地下水位将会有所升高,滑面下方的浮力增大,不利于斜坡的稳定。

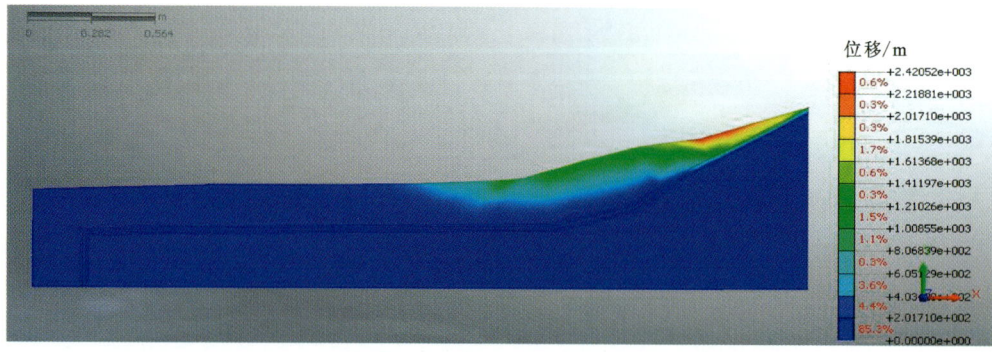

图 7.3-1 降雨1h斜坡位移云图

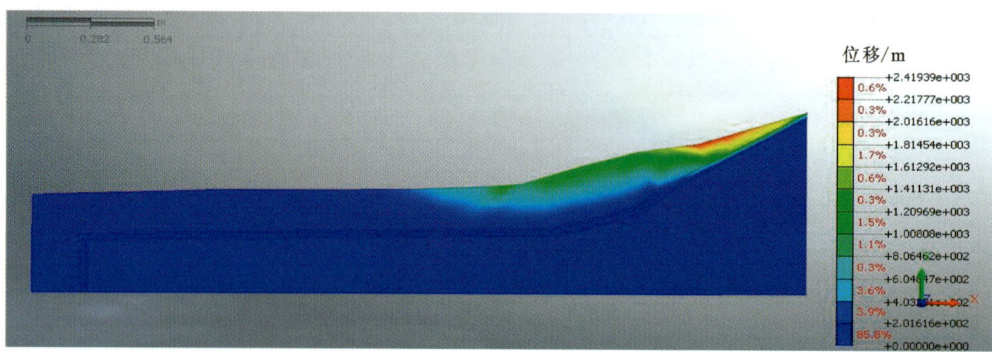

图 7.3-2 降雨3h斜坡位移云图

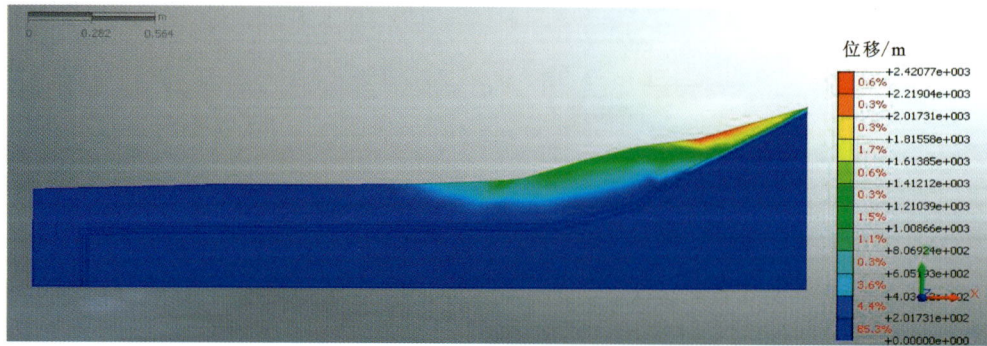

图 7.3-3 降雨6h斜坡位移云图

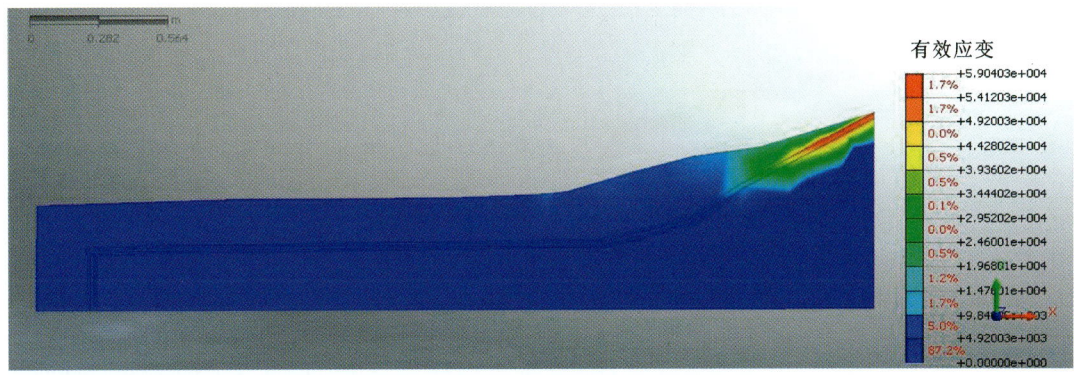

图 7.3-4　降雨 1h 斜坡有效应变云图

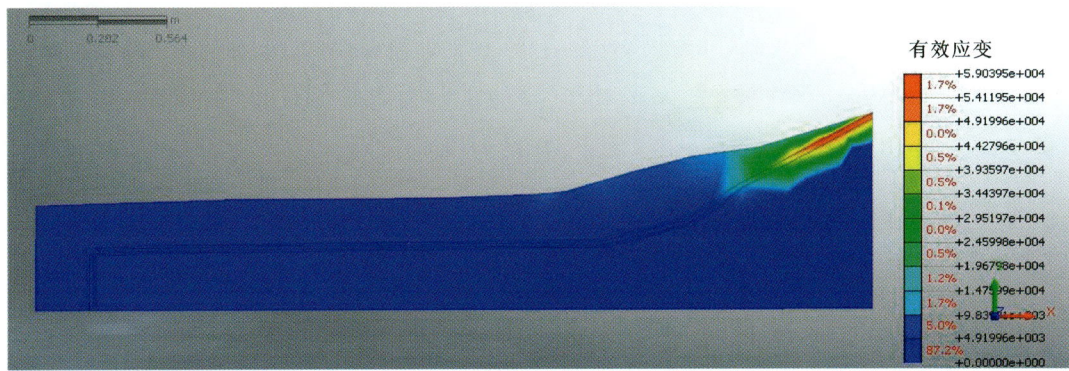

图 7.3-5　降雨 3h 斜坡有效应变云图

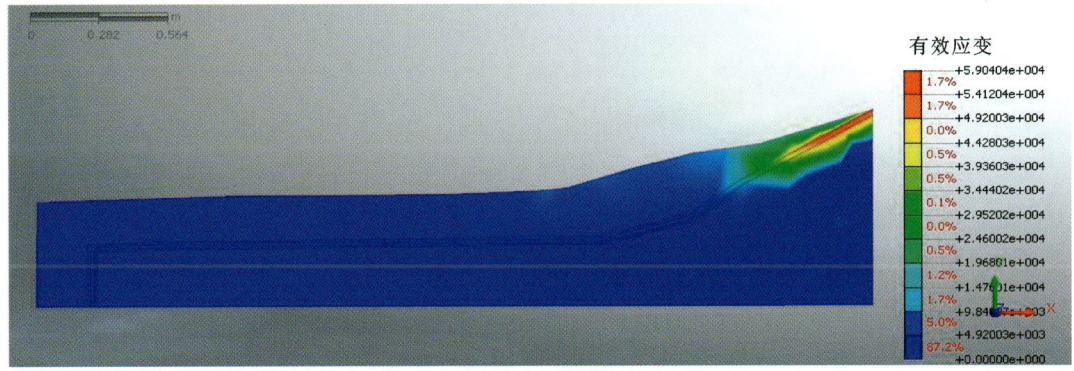

图 7.3-6　降雨 6h 斜坡有效应变云图

7.4　不同坡形降雨条件下斜坡稳定性数值模拟分析

7.4.1　分析方法及思路

在充分收集已有资料和相关研究成果的基础上，依据相关规范、规程的要求，对黄土斜坡进行稳定性分析。通过野外勘查，初步分析影响黄土斜坡稳定性的主要因素、可能的变形破坏方式及失稳的力学机制等，再对不同坡度和坡高组合下降雨饱和的斜坡稳定性状况及其潜在滑裂面进行定量分析。综合考虑影响斜坡稳定性的多种因素，快速对斜坡的稳定状况及其发展趋势作出评价。

由于宁夏南部地区的滑坡灾害以黄土层内滑坡为主，因此，建立均值的黄土斜坡模型，借助 midas NX 有限元模拟软件，采用强度折减法进行斜坡稳定性验算，掌握斜坡的变形趋势，为预测滑坡特性提供理论依据。

7.4.2 模型的建立

宁夏南部地区滑坡灾害主要发生在坡度为 20°～40°、坡高为 70～155m 的斜坡中，为了深入研究不同坡度、坡高和降水对斜坡稳定性影响的阈值，运用有限元法分析天然和暴雨两种工况下坡度（20°～60°）和坡高（30～100m）组合黄土斜坡的稳定性及潜在滑裂面的变化规律，概化的几何模型如图 7.4-1 所示。其中，模型的左边界、右边界和下边界设定为固定边界与不透水边界，坡肩、坡面和坡脚设置为自由边界，坡面为降雨入渗边界。

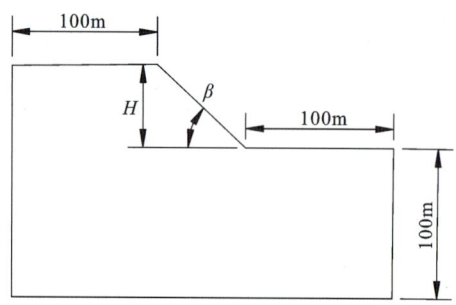

图 7.4-1　黄土斜坡概化几何模型示意图

7.4.3 结果分析

确定潜在滑动面是斜坡稳定性定量分析研究的基础，确定斜坡稳定系数则是工程设计的依据。运用有限元软件，通过强度折减法计算斜坡内部的变形特征和应力状态，利用岩土单元状态判断达到形成潜在破裂面的材料强度条件，分析斜坡渐进破坏过程及确定真实破坏部位，得出斜坡的应力场、应变场、位移场、塑性区分布等，同时计算出斜坡的稳定性系数。目前，斜坡稳定性判别依据为数值分析的滑移面塑性区贯通，即滑移面上每个点达到极限平衡状态。根据数值模拟结果，根据塑性区最大有效剪切应变值和对应的位移量，搜索剪切应变增量最大值确定破裂面的位置。该破裂面为一圆弧面，与坡面交点至临空面变坡点的距离即为潜在破裂面距坡肩的距离，不同工况下不同坡度斜坡稳定性系数及潜在破裂面至坡肩距离见表 7.4-1～表 7.4-5，部分工况下斜坡的剪应变和有效塑性应变云图如图 7.4-2～图 7.4-6 所示。

第 7 章 基于数值模拟的黄土斜坡降雨入渗与稳定性分析研究

表 7.4-1 变参模型计算结果表（坡度 20°）

序号	坡度/(°)	坡高/m	天然		暴雨	
			稳定性系数	潜在破裂面与坡肩距离/m	稳定性系数	潜在破裂面与坡肩距离/m
1	20	30	1.54	—	1.5	—
2	20	40	1.40	—	1.3	—
3	20	50	1.35	—	1.28	—
4	20	60	1.30	—	1.28	—
5	20	70	1.28	—	1.14	—
6	20	80	1.18	—	1.12	—
7	20	90	1.12	—	1.1	—
8	20	100	1.07	—	1.08	—

表 7.4-2 变参模型计算结果表（坡度 30°）

序号	坡度/(°)	坡高/m	天然		暴雨	
			稳定性系数	潜在破裂面与坡肩距离/m	稳定性系数	潜在破裂面与坡肩距离/m
1	30	30	1.65	6.31	1.46	1.14
2	30	40	1.46	11.62	1.39	7.95
3	30	50	1.35	9.72	1.3	6.31
4	30	60	1.31	9.72	1.27	6.31
5	30	70	1.29	9.72	1.21	6.31
6	30	80	1.21	9.72	1.18	7.95
7	30	90	1.19	9.72	1.18	7.95
8	30	100	1.16	9.72	1.15	7.95

表 7.4-3 变参模型计算结果表（坡度 40°）

序号	坡度/(°)	坡高/m	天然		暴雨	
			稳定性系数	潜在破裂面与坡肩距离/m	稳定性系数	潜在破裂面与坡肩距离/m
1	40	30	1.63	9.72	1.50	6.31
2	40	40	1.14	9.72	1.07	6.31
3	40	50	1.05	9.72	0.99	6.31
4	40	60	1.00	9.72	0.96	6.31

续表 7.4-3

序号	坡度/(°)	坡高/m	天然		暴雨	
			稳定性系数	潜在破裂面与坡肩距离/m	稳定性系数	潜在破裂面与坡肩距离/m
5	40	70	0.98	9.72	0.93	7.95
6	40	80	0.93	9.72	0.89	7.95
7	40	90	0.90	9.72	0.88	7.95
8	40	100	0.87	9.72	0.86	7.95

表 7.4-4 变参模型计算结果表(坡度 50°)

序号	坡度/(°)	坡高/m	天然		暴雨	
			稳定性系数	潜在破裂面与坡肩距离/m	稳定性系数	潜在破裂面与坡肩距离/m
1	50	30	1.09	9.72	0.91	6.31
2	50	40	0.96	9.72	0.89	7.95
3	50	50	0.86	9.72	0.81	7.95
4	50	60	0.83	9.72	0.80	7.95
5	50	70	0.8	9.72	0.75	7.95
6	50	80	0.75	9.72	0.72	9.72
7	50	90	0.71	9.72	0.70	9.72
8	50	100	0.70	9.72	0.68	9.72

表 7.4-5 变参模型计算结果表(坡度 60°)

序号	坡度/(°)	坡高/m	天然		暴雨	
			稳定性系数	潜在破裂面与坡肩距离/m	稳定性系数	潜在破裂面与坡肩距离/m
1	60	30	0.93	9.72	0.9	4.96
2	60	40	0.81	9.72	0.76	7.95
3	60	50	0.75	9.72	0.70	7.95
4	60	60	0.70	9.72	0.63	9.72
5	60	70	0.63	11.62	0.61	9.72
6	60	80	0.61	11.62	0.58	9.72
7	60	90	0.57	11.62	0.57	11.62
8	60	100	0.56	11.62	0.55	11.62

第 7 章 基于数值模拟的黄土斜坡降雨入渗与稳定性分析研究

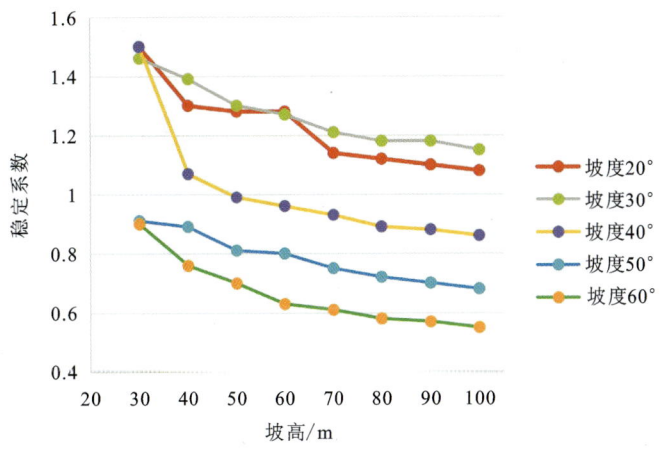

图 7.4-2 不同坡形暴雨工况下稳定性系数变化规律

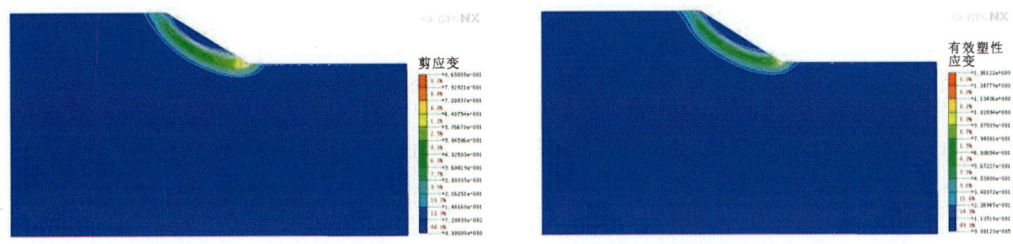

图 7.4-3 30°-30m 天然状态下斜坡剪应变和有效塑性应变云图

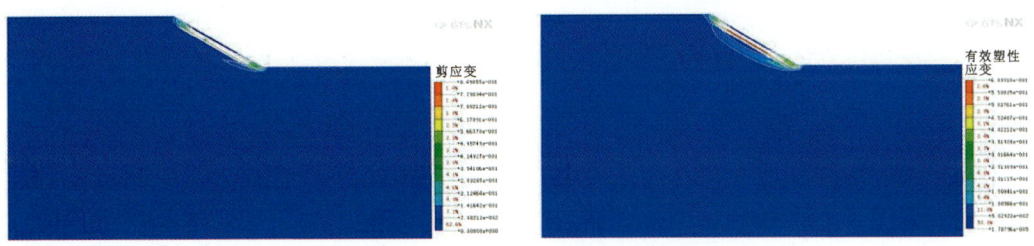

图 7.4-4 30°-30m 暴雨工况下斜坡剪应变和有效塑性应变云图

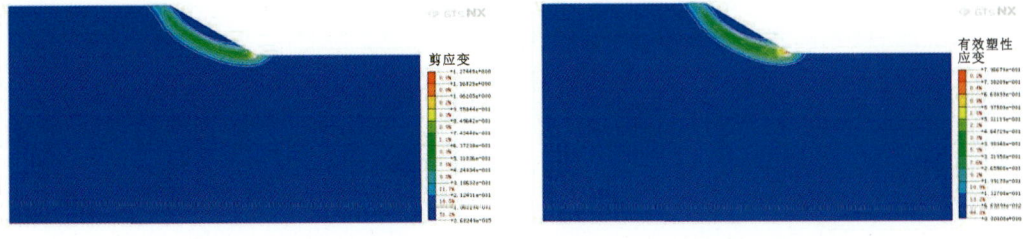

图 7.4-5 40°-30m 天然状态下斜坡剪应变和有效塑性应变云图

由以上分析结果可知，在相同的坡度和坡高条件下，暴雨工况饱和后的黄土斜坡稳定性较天然状态时差，表明降雨是黄土滑坡形成的主要诱发因素之一。在同一工况下，随着坡度和坡高的增大，黄土斜坡的稳定性系数减小，与实际相符。

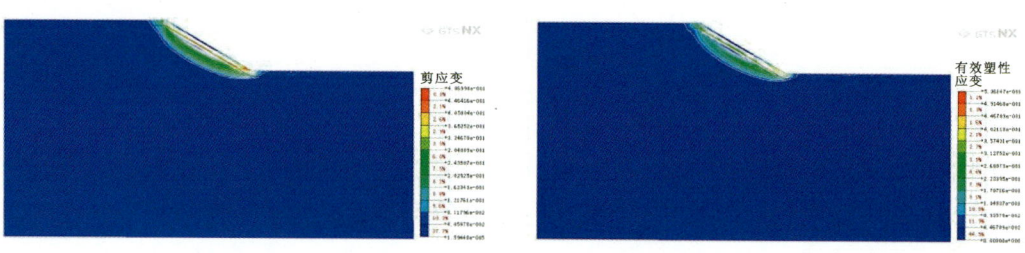

图 7.4-6　40°-30m 暴雨工况下剪应变和有效塑性应变云图

7.5　小　结

本次采用 Midas 有限元模拟方法对南湾组滑坡进行模拟，将几日的连续降雨压缩至 6h 内进行，使用的土体几何模型、边界条件及岩土体物理力学材料参数均与试验相同，对模型各时段位移云图及应力分布进行分析，并采用强度折减法计算了斜坡模型在降雨条件下稳定系数。

结果显示，南湾组滑坡第 1 小时稳定系数 F_s 为 1.36，第 3 小时稳定系数 F_s 为 1.32，第 6 小时稳定系数 F_s 为 1.37，但坡面的位移云图变化较大。该边坡模型的坡度较小，发生整体滑动的可能性较小，但随着雨水的冲蚀，坡面裂缝冲沟发育明显，在现场物理模型试验中，随着入渗锋面下降，饱和土体增多，坡体出现了局部的滑移，但未出现整体的滑动。

稳定性系数变化规律数值模拟共进行了 40 组，分别对坡度 20°～60°、坡高 30～100m 的斜坡组合进行分析，结果表明在其他条件相同的情况下，坡度越陡、坡高越高的边坡稳定性系数越小，并给出了具体的稳定性系数，对后续防治工作有一定参考作用。

第 8 章 宁夏南部地区地质灾害气象预警阈值判据构建

8.1 模型构建思路

在对宁夏南部地区典型地质灾害体进行勘查的基础上,借助物理模型、现场入渗试验和数值模拟手段,综合构建适用于该地区的气象预警阈值判据,为防灾减灾和风险管控服务。模型构建基本思路:①收集和分析国内外已有的降雨阈值模型和判据,特别是邻近省份或者地质条件相近地区的资料,供阈值判据的提出参考;②工作区影响斜坡稳定的主要因素是岩土体性质、坡度、高度和降雨强度。因此,本研究借助数值模拟手段对不同降雨强度、坡度和高度的斜坡稳定性进行分析,在单独分析影响斜坡稳定性主要指标的基础上,综合考虑各指标的叠加作用,实现了基于地质环境条件的分区精细化预警。阈值模型选取的参数指标均是影响斜坡稳定的重要因素,既能表征斜坡的内部规律,也能代表诱发灾害的外部条件,研究结果能较为科学全面地反映斜坡失稳和降雨条件之间的联系。

宁夏南部地区精细化降雨阈值模型如下:

$$R = R_s + \sum_{i=1}^{n} \Delta R_{ij} \tag{8.1-1}$$

式中:R 为风险防范区的精细化阈值;R_s 为各工况下的基础阈值(由数值模拟和经验参数共同确定,具体见 8.2)。本研究选取地形坡度参数演示阈值调整变化量,阈值调整值表达式展现了某指标对某历时的降雨阈值的调整规则。

8.2 宁夏南部地区降雨阈值模型构建

8.2.1 宁夏南部地区降雨阈值模型参考值

基于已有的降雨阈值模型研究成果,充分借鉴相邻地区的降雨阈值模型,包括张成军等(2012)建立的宁夏南部山区初夏连阴强降雨过程物理机制和概念模型、纪晓玲等(2016)对宁夏西吉两次诱发地质灾害的极值暴雨对比分析、吕世民等(2015)进行的宁夏隆德县地质灾害发育特征和形成条件分析及贾宏元、赵光平等(2016)建立的宁夏降水型地质灾害气象条件等级预警系统、苏沉等(2023)对黄河中上游宁夏南部山区环境地质灾害风险评价研究,确定宁夏南部地区短时极端降雨诱发滑坡的区域阈值参考值（表 8.2-1）。

表 8.2-1　宁夏南部地区短时极端降雨诱发地质灾害区域阈值参考　　　单位：mm

降雨历时	3h	6h	24h	48h	72h
阈值Ⅰ	[90,∞)	[120,∞)	[150,∞)	[240,∞)	[320,∞)
阈值Ⅱ	[50,90)	[70,120)	[120,150)	[200,240)	[240,320)
阈值Ⅲ	[20,50)	[40,70)	[90,120)	[160,200)	[200,240)
阈值Ⅳ	[8,20)	[20,40)	[60,90)	[100,160)	[160,200)

8.2.2　宁夏南部地区气象预警模型

结合宁夏南部地区地质灾害易发性与区域阈值研究，建立宁夏地区短时极端降雨诱发地质灾害区域气象预警矩阵，创建 3h、6h、24h、48h、72h 的短时预警判据（表 8.2-2）。预警矩阵满足易发性最高原则，即高易发区的最高预警等级为红色预警，中易发区的最高预警等级为橙色预警，低易发区的最高预警等级为黄色预警，不易发区的最高预警等级为蓝色预警。根据区域斜坡单元的易发性与降雨过程实时预警各个时段（3h、6h、24h、48h、72h）的预警等级。

表 8.2-2　宁夏南部地区短时极端降雨诱发地质灾害区域预警标准参考值

易发性	阈值Ⅳ/mm	阈值Ⅲ/mm	阈值Ⅱ/mm	阈值Ⅰ/mm
3h预警矩阵				
易发性	[8,20)	[20,50)	[50,90)	[90,∞)
不易发	蓝色预警	蓝色预警	蓝色预警	蓝色预警
低易发	蓝色预警	蓝色预警	蓝色预警	黄色预警
中易发	蓝色预警	黄色预警	黄色预警	橙色预警
高易发	黄色预警	黄色预警	橙色预警	红色预警
6h预警矩阵				
易发性	[20,40)	[40,70)	[70,90)	[90,∞)
不易发	蓝色预警	蓝色预警	蓝色预警	蓝色预警
低易发	蓝色预警	蓝色预警	蓝色预警	黄色预警
中易发	蓝色预警	黄色预警	黄色预警	橙色预警
高易发	黄色预警	黄色预警	橙色预警	红色预警

续表 8.2-2

易发性	阈值Ⅳ/mm	阈值Ⅲ/mm	阈值Ⅱ/mm	阈值Ⅰ/mm
24h 预警矩阵				
易发性	[60,90)	[90,120)	[120,150)	[150,∞)
不易发	蓝色预警	蓝色预警	蓝色预警	蓝色预警
低易发	蓝色预警	蓝色预警	蓝色预警	黄色预警
中易发	蓝色预警	黄色预警	黄色预警	橙色预警
高易发	黄色预警	黄色预警	橙色预警	红色预警
48h 预警矩阵				
易发性	[100,160)	[160,200)	[200,240)	[240,∞)
不易发	蓝色预警	蓝色预警	蓝色预警	蓝色预警
低易发	蓝色预警	蓝色预警	蓝色预警	黄色预警
中易发	蓝色预警	黄色预警	黄色预警	橙色预警
高易发	黄色预警	黄色预警	橙色预警	红色预警
72h 预警矩阵				
易发性	[160,200)	[200,240)	[240,320)	[320,∞)
不易发	蓝色预警	蓝色预警	蓝色预警	蓝色预警
低易发	蓝色预警	蓝色预警	蓝色预警	黄色预警
中易发	蓝色预警	黄色预警	黄色预警	橙色预警
高易发	黄色预警	黄色预警	橙色预警	红色预警

8.2.3 预警响应及风险管控

预警等级针对突发性地质灾害风险防范区设置，根据地质灾害风险防范区的不同时段风险降雨阈值，将地质灾害风险防范区预警等级划分为红色预警、橙色预警和黄色预警3个级别。红色预警为该风险防范区在此降雨量条件下发生地质灾害的可能性很大，橙色预警为该风险防范区在此降雨量条件下发生地质灾害的可能性大，黄色预警为该风险防范区在此降雨量条件下发生地质灾害的可能性较大（表8.2-3）。从地质灾害管理的角度出发，要坚持"宁可十防九空，不可失防万一"原则，预警等级按照最高等级预警处理。出现黄色预警，现场一线人员需实时响应；一旦出现橙色和红色预警，需尽快安排群众避难，及时撤离，且撤离后在滑坡尚未稳定时，监督群众不可私自返回。

表 8.2-3　地质灾害气象风险实时预警响应措施

预警等级	含义	防御措施
红色预警	发灾可能性很大	立即撤离风险防范区受威胁群众,红色预警解除 12h 后,经专业人员确认安全才能返回
橙色预警	发灾可能性大	提醒风险防范区群众做好撤离准备,加密巡查监测,密切关注降雨变化和致灾体变形迹象
黄色预警	发灾可能性较大	提醒风险防范区内人员关注降雨变化和实时预警信号,开展巡查监测

8.3　不同坡度降雨条件下的斜坡稳定性数值模拟分析

8.3.1　分析方法及思路

由于要建立不同降雨条件下坡度与稳定性的相关性模型,为降雨阈值的提出和精细化修订提供依据,本节建立概化的地质模型,分别模拟坡度为 20°、30°、40°、50°和 60°共 5 种斜坡坡形,借助 midas NX 有限元模拟软件,采用强度折减法对斜坡稳定性进行验算,并且分时段施加降雨,计算入渗过程中的斜坡稳定系数,以期掌握斜坡的变形趋势,为斜坡降雨阈值的提出提供依据。

8.3.2　模型的建立

宁夏南部地区滑坡灾害主要发生在坡度为 20°～40°的斜坡中。为深入研究不同坡度和降雨对斜坡稳定性影响的阈值,对 20°、30°、40°、50°和 60°这 5 种坡度斜坡分别施加 90mm/3h、120mm/6h、150mm/12h 和 240mm/48h 的降雨,为分析斜坡降雨入渗过程中的稳定性变化规律。每种降雨工况均分为 6 个时段,概化的几何模型如图 7.4-1 所示,将模型的左边界、右边界和下边界设定为固定边界和不透水边界,坡肩、坡面和坡脚设置为自由边界,坡面为降雨入渗边界。

8.3.3　结果分析

由数值模拟计算结果(图 8.3-1～图 8.3-6)可知,斜坡在多种降雨工况下的变形均表现为整体滑移。其中,坡度越小,坡体稳定性越好,且潜在滑移面的深度较深,表现为难启动,但潜在变形体体积较大。

第8章 宁夏南部地区地质灾害气象预警阈值判据构建

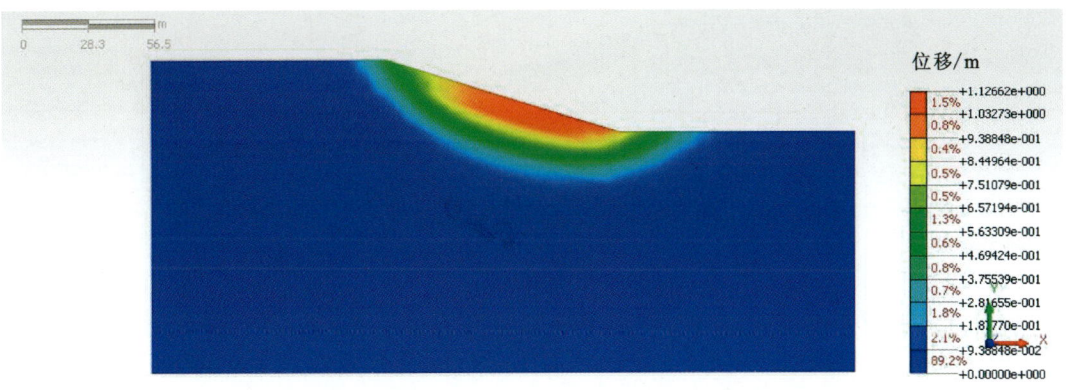

图 8.3-1　坡度 30°-降雨 30mm/1h 工况下斜坡位移云图

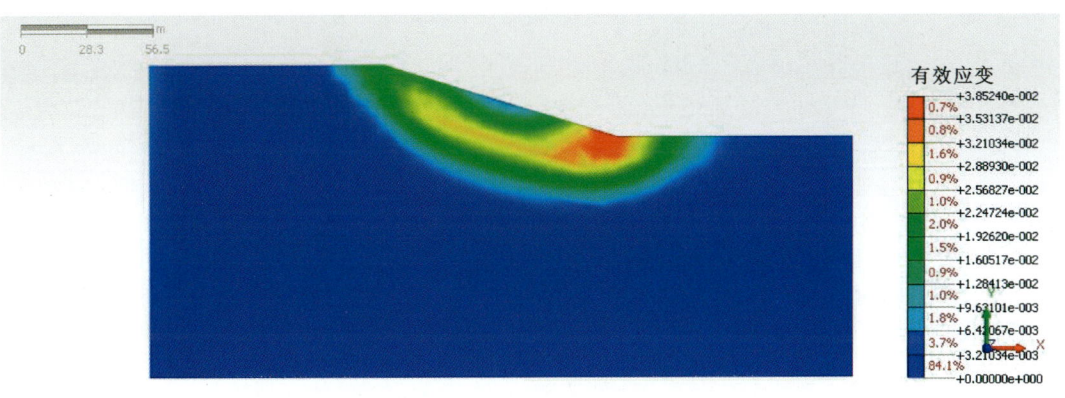

图 8.3-2　坡度 30°-降雨 30mm/1h 工况下斜坡有效应变云图

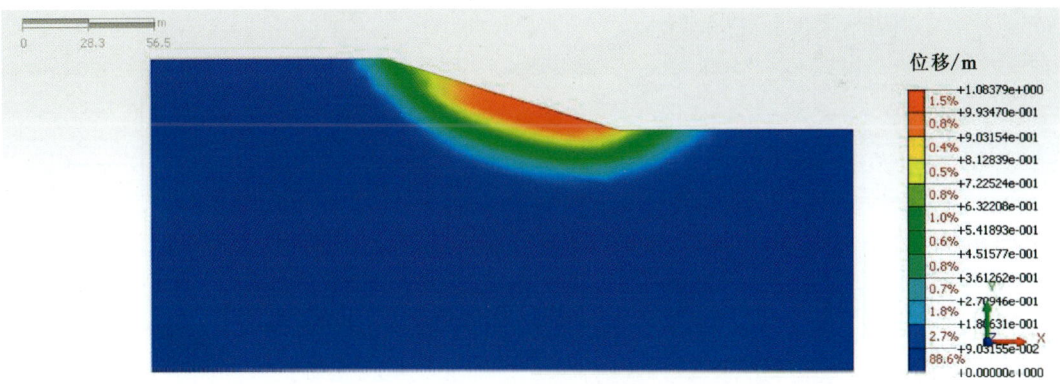

图 8.3-3　坡度 30°-降雨 60mm/2h 工况下斜坡位移云图

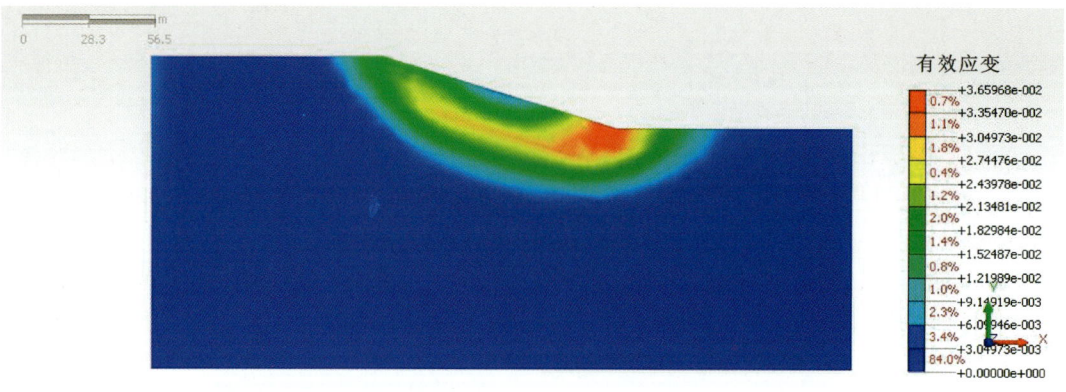

图 8.3-4　坡度 30°-降雨 60mm/2h 工况下斜坡有效应变云图

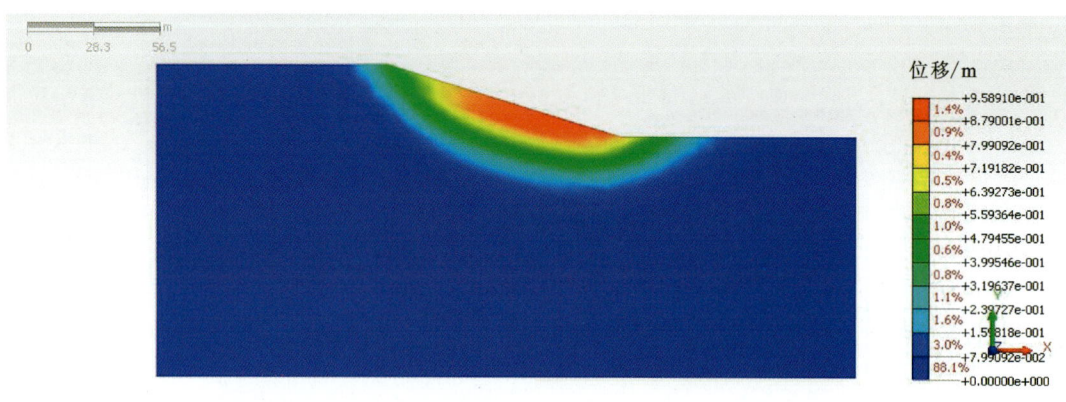

图 8.3-5　坡度 30°-降雨 90mm/3h 工况下斜坡位移云图

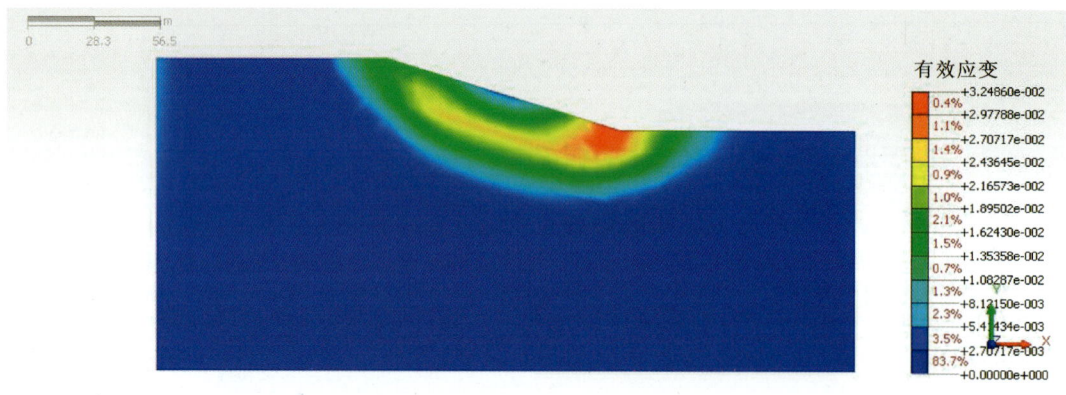

图 8.3-6　坡度 30°-降雨 90mm/3h 工况下斜坡有效应变云图

斜坡稳定性系数计算结果见表 8.3-1～表 8.3-4，图 8.3-7～图 8.3-10。由计算结果可知，在多种降雨工况下，坡度为 20°和 30°的斜坡稳定系数均大于 1，而 40°～60°的斜坡，随着降雨量的增加，其稳定系数逐渐变为小于 1，斜坡处于不稳定状态。因此，在对降雨阈值的计算中，初步考虑使用 30°、40°和 50°的计算结果。

表 8.3-1　90mm/3h 降雨量斜坡稳定性计算结果

序号	降雨施加条件		稳定系数 F_s				
	施加时间/h	降雨量/mm	坡度				
			20°	30°	40°	50°	60°
1	0.5	15	2.63	1.55	1.15	1.06	1.03
2	1	30	2.50	1.55	1.12	1.05	0.95
3	1.5	45	2.17	1.45	1.05	1.03	0.83
4	2	60	1.81	1.35	1.04	0.95	0.75
5	2.5	75	1.60	1.30	0.94	0.87	0.67
6	3	90	1.40	1.27	0.89	0.75	0.55

表 8.3-2　120mm/6h 降雨量斜坡稳定性计算结果

序号	降雨施加条件		稳定系数 F_s				
	施加时间/h	降雨量/mm	坡度				
			20°	30°	40°	50°	60°
1	1	20	2.50	1.55	1.13	1.06	1.04
2	2	40	2.20	1.45	1.12	1.06	0.94
3	3	60	2.11	1.42	1.07	1.03	0.81
4	4	80	1.80	1.38	1.04	0.98	0.74
5	5	100	1.70	1.30	0.94	0.84	0.70
6	6	120	1.51	1.28	0.89	0.73	0.58

表 8.3-3　150mm/24h 降雨量斜坡稳定性计算结果

序号	降雨施加条件		稳定系数 F_s				
	施加时间/h	降雨量/mm	坡度				
			20°	30°	40°	50°	60°
1	4	25	2.50	1.55	1.15	1.20	1.02
2	8	50	2.31	1.45	1.12	1.03	0.91
3	12	75	2.15	1.35	1.05	0.99	0.82
4	16	100	1.91	1.32	0.99	0.98	0.75
5	20	125	1.71	1.29	0.93	0.89	0.69
6	24	150	1.50	1.27	0.88	0.76	0.57

表 8.3-4　240mm/48h 降雨量斜坡稳定性计算结果

序号	降雨施加条件		稳定系数 F_s				
	施加时间/h	降雨量/mm	坡度				
			20°	30°	40°	50°	60°
1	8	40	2.44	1.55	1.13	1.18	1.03
2	16	80	2.11	1.45	1.12	1.08	1.01
3	24	120	1.96	1.35	1.05	1.03	0.93
4	32	160	1.80	1.31	1.03	0.98	0.84
5	40	200	1.61	1.30	0.99	0.92	0.71
6	48	240	1.51	1.26	0.89	0.74	0.58

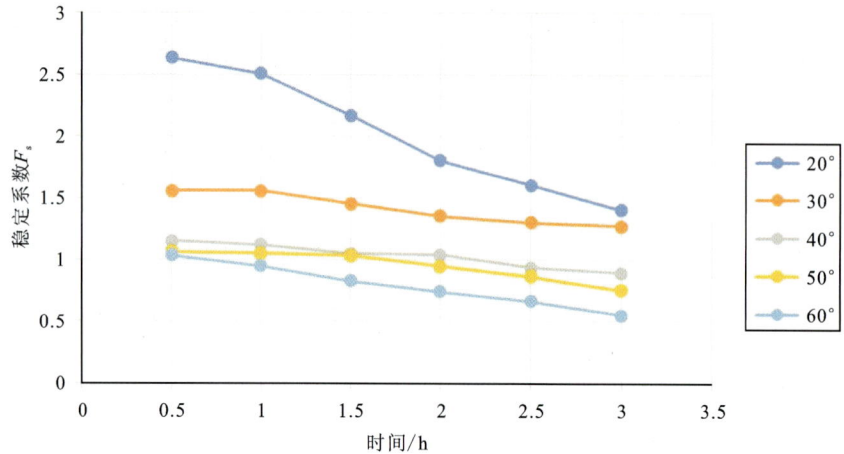

图 8.3-7　90mm/3h 降雨量斜坡稳定系数变化规律

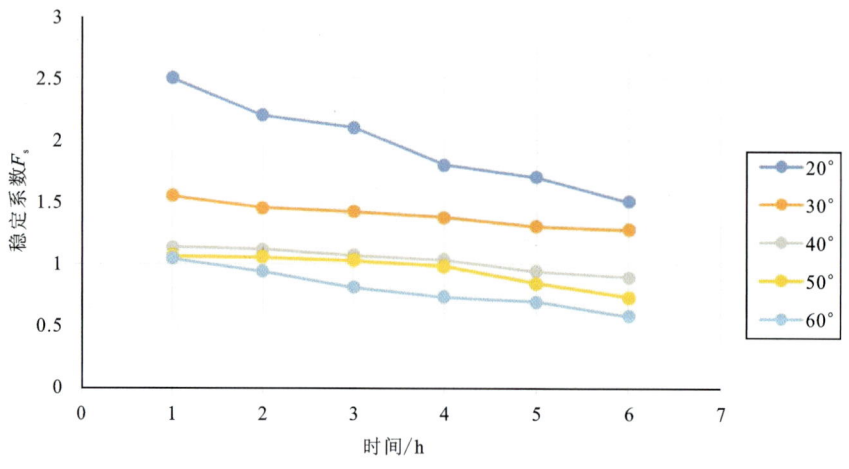

图 8.3-8　120mm/6h 降雨量斜坡稳定系数变化规律

第 8 章 宁夏南部地区地质灾害气象预警阈值判据构建

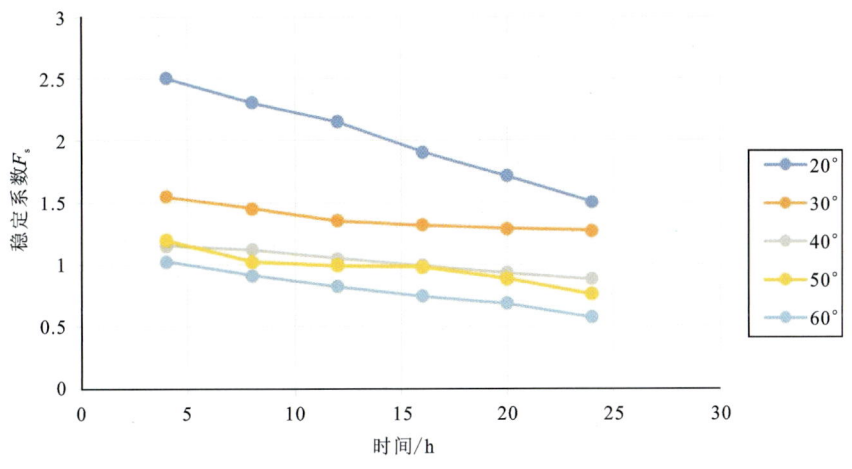

图 8.3-9　150mm/12h 降雨量斜坡稳定系数变化规律

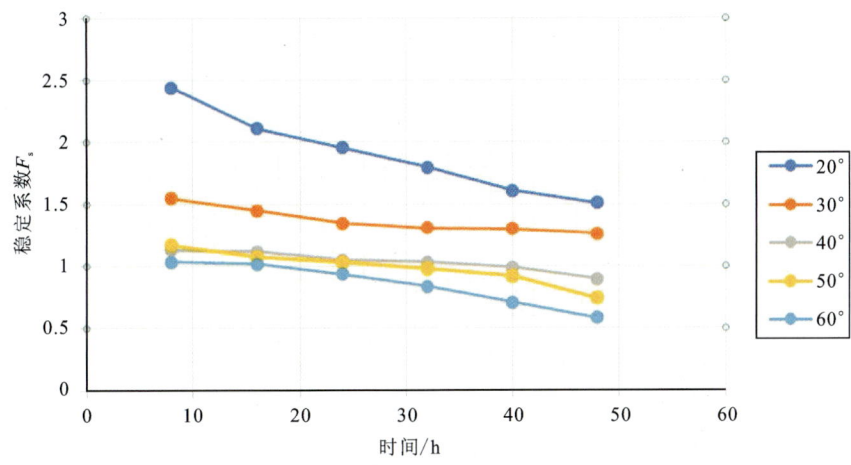

图 8.3-10　240mm/48h 降雨量斜坡稳定系数变化规律

各降雨工况下的降雨阈值浮动量如图 8.3-11～图 8.3-14 所示,宁夏南部地区气象预警阈值调整方案如表 8.3-5 所示。

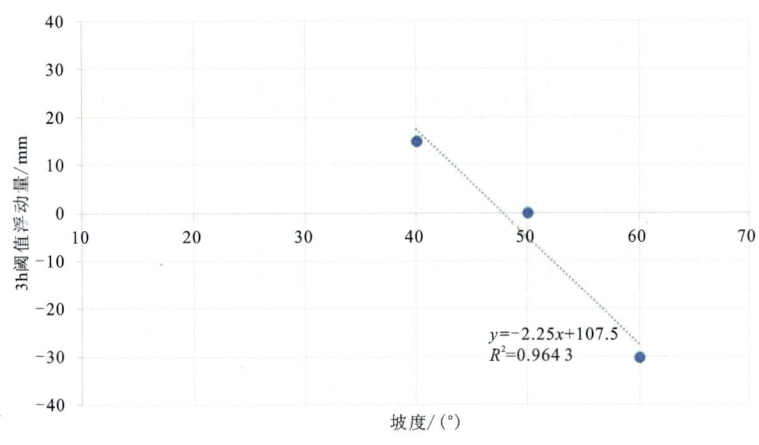

图 8.3-11　降雨 90mm/3h 时斜坡稳定系数变化规律

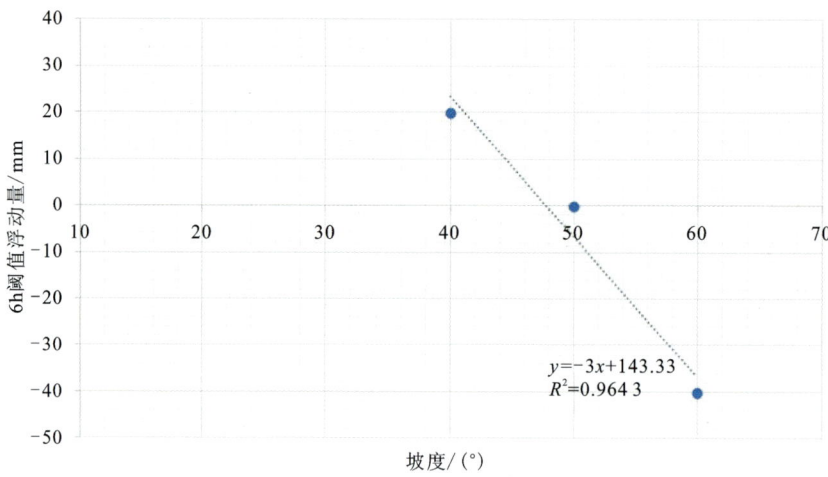

图 8.3-12　降雨 120mm/6h 时斜坡稳定系数变化规律

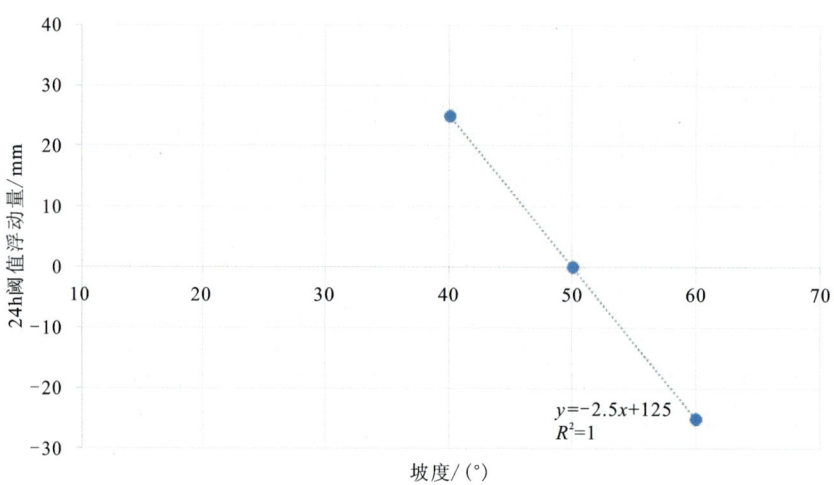

图 8.3-13　降雨 150mm/12h 时斜坡稳定系数变化规律

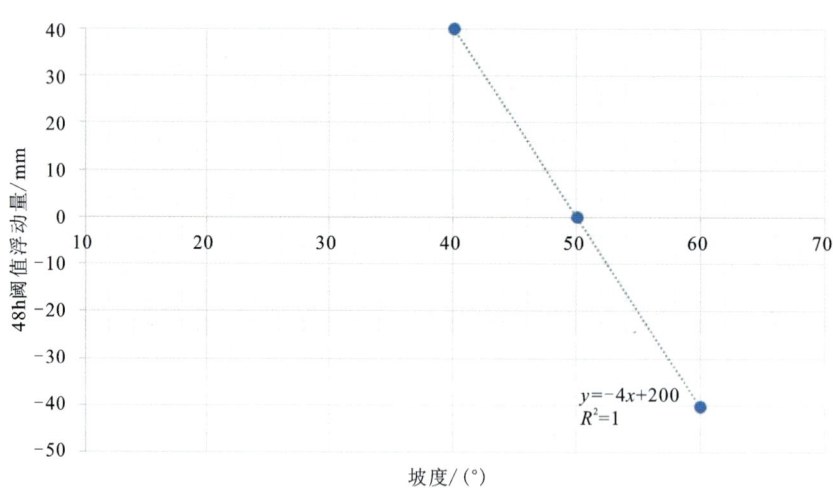

图 8.3-14　降雨 240mm/48h 时斜坡稳定系数变化规律

表 8.3-5　宁夏南部地区气象预警阈值调整方案

降雨历时	阈值浮动函数	斜坡坡度 α				
		20°	30°	40°	50°	60°
3h	$\Delta R = -2.25\alpha + 107.5$	62.5	40	15	−5	−30
6h	$\Delta R = -3\alpha + 143.33$	83.33	53.33	20	6.67	−40
24h	$\Delta R = -2.5\alpha + 125$	75	50	25	0	−25
48h	$\Delta R = -4\alpha + 200$	120	80	40	0	−40

8.4　降雨预警阈值模型验证

为了验证提出的降雨预警阈值模型的准确性,选取典型地质灾害,即西坡组滑坡,进行数值模拟分析研究。选取的计算剖面如图 8.4-1 所示,该斜坡左边界、右边界和下边界均设定为固定边界,坡面为自由边界,为降雨入渗边界。由于该斜坡整体坡度约 41°,计算选取 105.25mm/3h、140.33mm/6h、172.5mm/24h 和 276mm/48h 共 4 种雨强作为降雨条件。4 种降雨工况下的斜坡稳定性系数计算结果见表 8.4-1,其中序号 1、4 为 100mm 与 300mm 对应现场试验中的小雨工况及大雨工况,序号 2、3 为渐变值,模拟云图变形特征与现场降雨试验基本吻合。模型的有效塑性应变云图见图 8.4-2～图 8.4-5。根据计算结果,该斜坡失稳的主要模式为黄土层内滑动,提出的降雨预警阈值判据正确,可以为宁夏南部地区的地质灾害监测预警提供理论支撑和实际指导。

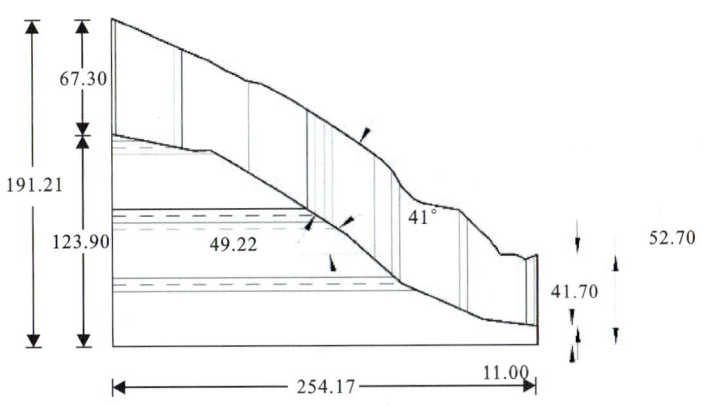

图 8.4-1　数值模拟验证计算剖面(单位:m)

表 8.4-1　4种降雨工况下模型稳定性系数计算结果

序号	降雨条件	稳定系数 F_s	验证结果
1	105.25mm/3h	1.00	正确
2	140.33mm/6h	0.98	正确
3	172.5mm/24h	1.01	正确
4	276mm/48h	1.03	正确

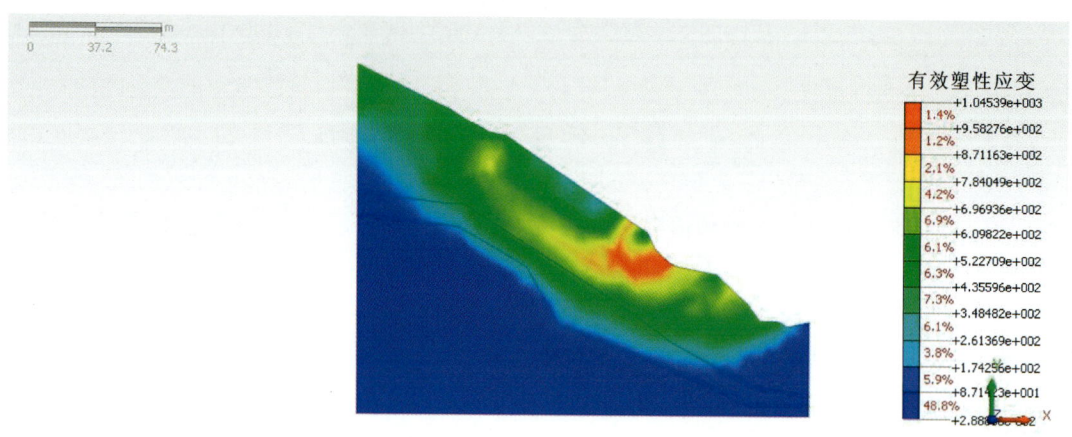

图 8-4-2　105.25mm/3h 降雨工况下验证模型有效塑性应变云图

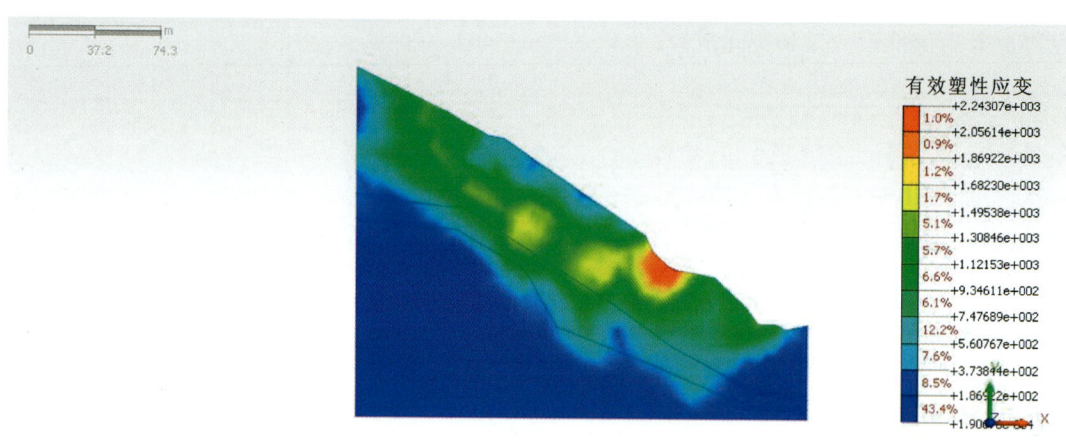

图 8-4-3　140.33mm/6h 降雨工况下验证模型有效塑性应变云图

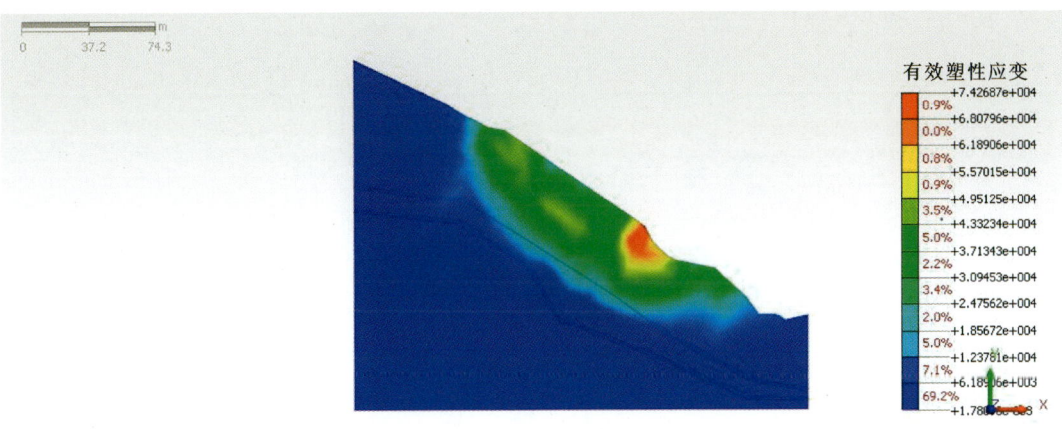

图 8-4-4　172.5mm/12h 降雨工况下验证模型有效塑性应变云图

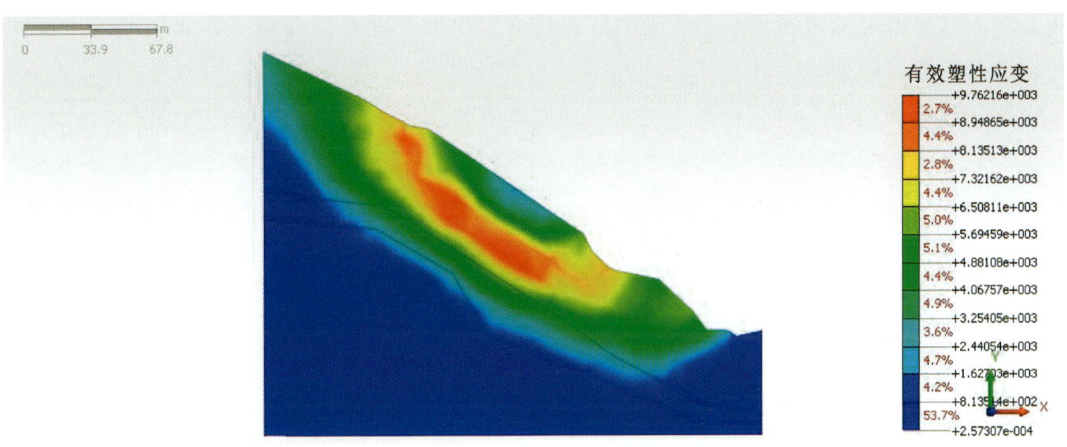

图 8-4-5　276mm/48h 降雨工况下验证模型有效塑性应变云图

第9章 结论与展望

9.1 结 论

(1)借助现场调查、山地工程和钻探,查明了西吉县硝河乡新庄村南湾组滑坡、彭阳县新集乡马洼村杨明组滑坡和隆德县陈勒乡陈新村一组滑坡3处典型斜坡灾害的工程地质条件,并构建三维地质模型。

(2)通过室内土工试验,获取了宁夏南部地区黄土和泥岩的物理力学指标如下:

①黄土的天然密度为1.36~1.94g/cm³,干密度为1.27~1.65g/cm³,孔隙比为0.64~1.14,塑限为16.18%~18.1%,液限为26.2%~28.6%。随着埋深的增加,黄土的密度和干密度逐渐增高,孔隙比逐渐减小,饱和度逐渐增大,液限和塑限逐渐增加。

②黄土黏粒(粒径<0.005mm)粒组所占的比例为10.36%~46.29%,粉粒(粒径0.075~0.005mm)粒组所占的比例为53.34%~80.75%,砂粒(粒径>0.075mm)粒组所占的比例为0.09%~14.90%。随着埋深的增加,粉粒和黏粒含量相应增加。

③随着黄土取样深度的增加,黄土的压缩系数、湿陷系数和渗透系数不断减小,这一现象与黄土的孔隙比随埋深增加不断降低有关。埋深<6m时,黄土湿陷系数>0.07的比例较高,这表明强烈湿陷性黄土的比例较高。埋深>6m时,黄土湿陷系数在0.03~0.07之间,这表明中等湿陷性黄土的比例明显增加。埋深<10m时,黄土渗透系数离散性较大,67%的实测渗透系数大于0.000 2cm/s,均值为0.000 3cm/s;埋深>10m时,黄土渗透系数变化趋于稳定,均值为0.000 03cm/s。

④天然状态下,黄土的黏聚力和内摩擦角平均值分别为32kPa和26°,饱和状态下,黄土的黏聚力和内摩擦角平均值为21kPa和22°。随着埋深的增加,黏聚力和内摩擦角也相应增大。三轴试验相比直接剪切的结果更小,天然状态下黄土的黏聚力平均值为22.17kPa,内摩擦角为22.9°。

⑤泥岩的天然密度为1.61~2.13g/cm³,黏聚力为25.2~80.1kPa,内摩擦角为17.6°~29.8°。泥岩在饱和状态下进行慢剪时,其黏聚力和内摩擦角的数值比在直剪快剪时较低。饱和状态下泥岩黏聚力为5.9~37.7kPa,内摩擦角为13.5°~25.5°。由泥岩的无侧限抗压强度可以看出,宁夏南部地区泥岩的抗压强度变化范围较大,强风化泥岩的无侧限抗压强度值在64~197kPa之间,中风化泥岩的无侧限抗压强度值在202~580kPa之间。

(3)现场降雨入渗试验结果表明:

①单一自然降雨条件往往很难引起坡体变形破坏,短时强降雨更容易形成坡面泥流,而间歇式的降雨有利于土体中的水分下渗。不同雨强入渗率有明显差异,10mm/h 雨强坡面有效入渗率为 3.5%;15mm/h 雨强坡面有效入渗率为 12%;30mm/h 雨强坡面有效入渗率为 15%;50mm/h 雨强坡面有效入渗率为 18%。随着斜坡坡度的增加,降雨入渗深度减小,黄土斜坡水分下渗深度达 0.5m 时,需要 6~8h;下渗深度达 1.0m 时,需要 12~14h。坡面在无裂缝的条件下,水分难以下渗至 1.5m,在开启裂缝(优势通道)后,下渗至 1.5m 需要 20~22h。

②土体的初始体积含水率越小,基质吸力越大,降雨初期表层土体的体积含水率增长越快,土体压力在降雨入渗过程中与土体孔隙水压力变化正相关,但整体变化幅度明显较小。设置裂缝后,土体压力迅速增大,宏观表现为坡体在降雨入渗条件下开裂滑移,加以前缘切坡,土体压力迅速增大到峰值,坡体滑塌破坏。

③人工前缘切坡情况下主要产生牵引式滑坡。斜坡不同位置处对位移加速的响应不同,具体表现为坡脚>坡中>坡顶。前缘切坡是导致黄土斜坡失稳的重要因素。对于前缘切坡的黄土斜坡,降雨强度 50mm/h 持续 6h 后,黄土斜坡极易出现变形破坏。伴随着持续降雨,浅层土体饱和,形成溯源-牵引破坏,直至土体内部崩解溃散,宏观表现为整体发生滑动。

(4)物理模型试验结果表明:

①工况 1 短时强降雨后,由于入渗不及时,地表水径流较连续降雨时更多,故坡面地表水对于坡体下部及坡脚冲蚀更为剧烈。故短时强降雨时坡体的主要变形破坏模式为坡脚处的局部变形破坏,发生局部的滑动、崩落,变形破坏区域向坡体上部侵蚀,在坡体上部造成拉裂变形破坏,主要的表现形式为拉张裂缝。

②工况 2 连续降雨工况中,降雨初期坡体中部雨水入渗较多,黄土饱和、湿陷,并产生部分拉张裂缝;在模拟 31 天的降雨后期,由于坡面整体接近饱和,在地表径流及入渗的影响作用下,坡体下部及坡脚位置变形破坏迹象加重,形成小型滑塌及冲沟,这与硝河乡新庄村南湾组滑坡下部冲沟类似;坡顶土体受到地表水影响较小,加之坡度较大,降雨入渗深度及速度小于坡体中下部,故在第二轮的 31 天降雨循环中才开始发生拉张裂缝等变形,这与调查中实地坡顶裂缝拉裂居民房屋的特征类似。在土体降雨循环过程中,降雨间隔期间土体内部孔隙水压力降低速度较快,但其整体呈增加的趋势,而在孔压周期变化时,土体内部的土压力并未减慢其增加的趋势,这表明在现实中滑坡区降雨结束后,土体内部土压力还处于若干天的持续增加趋势,此时滑坡仍有变形破坏甚至滑动的风险。

(5)借助数值模拟分析软件,揭示了现场降雨入渗试验和物理模型试验斜坡在降雨条件下的应力应变规律,并通过概化模型,系统研究了坡高和坡度变化对研究区黄土斜坡稳定性的影响规律。

(6)借鉴已有降雨阈值模型,借助数值模拟手段,系统分析了不同降雨工况下概化斜坡模型的稳定性,提出了适用于宁夏南部地区的降雨预警阈值模型和判据,并通过典型斜坡验证了该模型的准确性。

9.2 存在的问题

(1)受试验时间的限制,本次物理模型试验仅考虑了坡面降雨的工况,没有考虑降雨与地下水位抬升对斜坡稳定性的影响。

（2）本次提出的降雨阈值模型和判据仅针对降雨和坡度两个斜坡失稳制约因素，没有系统考虑坡高、加卸载、开挖等其他因素，提出的模型和判据具有局限性。

（3）本研究构建的宁夏南部地区降雨引起黄土滑坡地质模型，给出了降雨阈值，在进行实地检验后，可对当地区域预警，或者局部地区的滑坡稳定性预测起到一定的指导作用，但需要在实际工作中进一步收集数据。

（4）本研究没有综合对比原状黄土和扰动黄土的物理力学指标的差异性，未能全面总结宁夏南部地区土的工程地质特性。

（5）由于实际试验与理论设计存在差异，因此无论在降雨入渗还是物理模型试验开展过程中均没有完全按照预计的设计方案执行，且由于经费和时间条件的限制，未开展平行重复试验。

9.3 展 望

（1）本研究对宁夏南部地区的基本地质条件和斜坡灾害有了较为系统的认识，如能够继续深入开展相关工作的研究，可更加系统地掌握斜坡灾变机理。

（2）通过现场降雨和物理模型试验已经初步获取了工作区典型地质灾害的致灾机理与演化过程，如辅助以数值模拟手段继续对获取的数据进行分析研究，将会对该地区地质灾害，特别是滑坡灾害的评价和防控提供理论依据与实际指导。

（3）提出的降雨预警阈值模型和判据初步验证准确，但考虑的影响因素较少，需进一步提出考虑多种因素的模型和判据。

（4）此次模型试验仅以西吉县硝河乡南湾组滑坡为对象进行研究，未考虑在不同坡形条件下降雨对滑坡稳定性产生的影响，未来可以研究不同坡形条件下滑坡的稳定性问题。

主要参考文献

柴军瑞,李守义,2004,.三峡库区泄滩滑坡渗流场与应力场耦合分析[J].岩石力学与工程学报(08):1280-1284.

丁勇,2011.人工降雨模拟作用下的黄土高边坡稳定性研究[D].西安:西北大学.

杜榕桓,刘新民,袁建模,等,1991.长江三峡库区滑坡与泥石流研究[M].成都:四川科学技术出版社.

方正,2022.降雨诱发土质滑坡变形预测方法与稳定性分析[D].长沙:中南大学.

付宏渊,曾铃,王桂尧,等,2012.降雨入渗条件下软岩边坡稳定性分析[J].岩土力学,33(8):2359-2365.

傅鹤林,李昌友,周中,2009.滑坡触发因素及其影响的原位试验[J].中南大学学报,40(3):782-785.

郜泽郑,2019.镇江地区降雨诱发滑坡机制与降雨阈值研究[D].南京:南京大学.

何忠明,钟魏,刘正夫,等,2021.基于改进的Green-Ampt入渗模型的炭质泥岩粗粒土路堤边坡稳定性分析[J].中南大学学报(自然科学版),52(7):2179-2187.

胡明鉴,汪稔,张平仓,2001.斜坡稳定性及降雨条件下激发滑坡的试验研究:以蒋家沟流域滑坡堆积角砾土坡地为例[J].岩土工程学报,23(4):454-457.

黄润秋,徐则民,许模,2005.地下水的致灾效应及异常地下水流诱发地质灾害[J].地球与环境,33(3):1-9.

蒋水华,刘贤,黄发明,等,2019.考虑多参数空间变异性的降雨入渗边坡失稳机理及可靠度分析[J].岩土工程学报:1-9.

李萍,2013.黄土水分迁移规律研究[D].西安:长安大学.

李哲,张昌军,梅华,2013.人工降雨条件下黄土斜坡土体孔隙水压力测试研究[J].公路交通科技,30(12):45-52.

林鸿州,于玉贞,李广信,等,2009.降雨特性对土质边坡失稳的影响[J].岩石力学与工程学报,28(01):198 204.

童富果,田斌,刘德富,2008.改进的斜坡降雨入渗与坡面径流耦合算法研究[J].岩土力学(4):1035-1040.

汪斌,唐辉明,朱杰兵,等,2007.考虑流固耦合作用的库岸滑坡变形失稳机制[J].岩石力学与工程学报(S2):4484-4489.

吴礼舟,黄润秋,2011.非饱和土渗流及其参数影响的数值分析[J].水文地质工程地质,

38(1):94-98.

辛鹏,吴树仁,石菊松,等,2012.基于降雨响应的黄土-基岩型滑坡失稳机制分析:以宝鸡市麟游县岭南滑坡为例[J].工程地质学报,20(4):547-555.

徐则民,黄润秋,杨立中,2004.斜坡水-岩化学作用问题[J].岩石力学与工程学报,23(16):2778-2787.

许强,彭大雷,亓星,等,2016.2015年4·29甘肃黑方台党川2#滑坡基本特征与成因机理研究[J].工程地质学报,24(2):167-180.

殷跃平,2007.中国典型滑坡[M].北京:中国大地出版社.

姚燕雅,孙建飞,2013.考虑渗流作用时边坡稳定性分析方法比较与改进[J].江南大学学报(自然科学版),12(2):210-215.

詹良通,胡英涛,刘小川,等,2019.非饱和黄土地基降雨入渗离心模型试验及多物理量联合监测[J].岩土力学,40(7):2478-2486.

张常亮,李萍,李同录,等,2014.黄土中降雨入渗规律的现场监测研究[J].水利学报,45(6):728-734.

张茂省,2013.引水灌区黄土地质灾害成因机制与防控技术:以黄河三峡库区甘肃黑方台移民灌区为例[J].地质通报,32(6):833-839.

张伟,王满兴,杨金忠,等,1999.三峡工程永久船闸高边坡降雨入渗实验研究[J].岩石力学与工程学报,2:18.

张倬元,王士天,王兰生,1997.工程地质分析原理[M].2版.北京:地质出版社.

周中,傅鹤林,刘宝琛,等,2007.土石混合体边坡人工降雨模拟试验研究[J].岩土力学,28(7):1391-1396.

朱海军,周创兵,2004.岩土体三维非线性渗流有限元数值分析[J].岩石力学与工程学报(18):3076-3080.

ALLAIRE S,ROULIER S,CESSNA A,2009. Quantifying preferential flow in soils: A review of different techniques[J]. Journal of Hydrol,378:179-204.

ALONSO E,GENS A,1995. Effect of rain infiltration on the stability of slopes[J]. Unsaturated Soils(1):241-249.

BAGARELLO V, SFERLAZZA S, SGROI A,2009. Comparing two methods of analysis of single-ring infiltrometer data for a sandy-loam soil[J]. Geoderma,149:415-420.

BEVEN K,GERMANN P,2013. Macropores and water flow in soils revisited[J]. Water Resources Research,49(6):3071-3092.

BEVEN K,GERMANN P,1982. Macropores and water flow in soils[J]. Water Resources Research,18(5):1311-1325.

CHO S,LEE S,2001. Instability of unsaturated soil slopes due to infiltration[J]. Computers and Geotechnics,28(3).

CHEN H,LEE C,2003. Numerical a dynamic model for rainfall-induced landslides on natural slopes[J]. Geomorphology,51(4):269-288.

主要参考文献

DAI Z, Chen S, Li J, 2020. Physical model test of seepage and deformation characteristics of shallow expansive soil slope[J]. Bulletin of Engineering Geology and the Environment(79):4063 - 4078.

GARAKANI A, HAERI S, KHOSRAVI A, et al., 2015. Hydro-mechanical behavior of undisturbed collapsible loessial soils under different stress state conditions [J]. Engineering Geology, 195(9): 28-41.

GUO L, LIN H, 2018. Addressing two bottlenecks to advance the understanding of preferential flow in soils[J]. Advances in Agronomy, 147:61-117.

HARP E L, WADE II, SARMIENTO J G, 1990. Pore pressure response during failure in soils[J]. Geological Society of American Bulletin, 102(4):428-438.

HUANG T, PANG Z, EDMUNDS W, 2013. Soil profile evolution following land-use change: Implications for groundwater quantity and quality[J]. Hydrological Processes. 27:1238-1252.

JARVIS N, MOEYS J, KOESTEL J, et al., 2012. Preferential Flow in a Pedological Perspective[J], Hydropedology: Synergistic Integration of Soil Science and Hydrology, 75-120.

LAI J, REN L, 2007. Assessing the size dependency of measured hydraulic conductivity using double-ring infiltrometers and numerical simulation[J]. Soil Science Society of America Journal, 71(6):1667-1675.

LEHMANN P, GAMBAZZI F, SUSKI B, et al., 2013. Evolution of soil wetting patterns preceding a hydrologically induced landslide inferred from electrical resistivity survey and point measurements of volumetric water content and pore water pressure[J]. Water Resources Research, 49(12):7992-8004.

LI A, YUE A, THAM L, et al., 2005. Field-monitored variations of soil moisture and matric suction in a saprolite slope[J]. Canada Geotechical, 42:13-26.

LI H, SUN P, CHEN S, et al., 2017. A falling-head method for measuring intertidal sediment hydraulic conductivity[J]. Groundwater, 2009.

LIN H, 2010. Linking principles of soil formation and flow regimes[J]. Journal of Hydrol, 393:3-19.

MUALEM Y, 1978. Hudraulic conductivity of unsaturated porous media: Generalized macroscopic approach [J]. Water Resources Research, 14(2):325-334.

NG C, ZHAN L, 2011. Comparative study of rainfall infiltration into a bare and a grassed unsaturated expansive soil slope [J]. Canadian Geotechnical Journal, 47(2):207-217.

OCHIAI H, OKADA Y, FURUYA G, et al., 2004. A fluidized landslide on a natural slope by artificial rainfall[J]. Landslides(3):1.

OKURA Y, KITAHARA H, OCHIAI H, et al., 2002. Landslide fluidization process by flume experiments[J]. Engineering Geology,66(1):65-78.

PEARCE, ANDREW J,1990. Streamflow generation processes: An austral view[J]. Water Resources Research,26(12):3037-3047.

PERRONE A, LAPENNA V, PISCITELLI S, 2014. Electrical resistivity tomography technique for landslide investigation: A review[J]. Earth Science Reviews,135:65-82.

RAHARDJO H, LEE TT, LEONG E C, et al.,2005. Response of a residual soil slope to rainfall[J]. Canadian Geotechnical Journal,42(2):340-351.

SONG J, CHEN X, CHENG C, et al.,2009. Feasibility of grian-size analysis methods for determination of vertical hydraulic conductivity of streambeds[J]. Journal of Hydrogy, 375:428-437.

Tao Z, Zhu C, He M,et al., 2021. A physical modeling-based study on the control mechanisms of Negative Poisson's ratio anchor cable on the stratified toppling deformation of anti-inclined slopes[J]. International Journal of Rock Mechanics and Mining Sciences, 138: 104632. DOI:10.1016/j.ijrmms.2021.104632.

TERZAGHI K, 1943. Theoretical soil mechanics [M]. New York: Wiley and Sons Inc.

TU X B, KWONG A, DAI F C, 2009. Field monitoring of rainfall infiltration in a loess slope and analysis of failure mechanism of rainfall-induced landslides[J]. Engineering Geology, 105:134-150.

WEN B P, YAN Y, 2014. Influence of structure on shear characteristics of the unsaturated loess in Lanzhou, China[J]. Engineering Geology,168:46-58.

XU L, DAI F C, GONG Q M, et al., 2012. Field testing of irrigation effects on the stability of a cliff edge in loess, North-west China[J]. Engineering Geology,120: 10-17.

XU L, DAI F, THAM L G, et al.,2011. Field testing of irrigation effects on the stability of a cliff edge in loess, North-west China[J]. Engineering Geology,120(1-4):10-17.